科学出版社"十四五"普通高等教育本科规划教材

数字图像处理实验教程

（第二版）

主　编　柏正尧
副主编　普园媛

科学出版社
北　京

内 容 简 介

本书是基于 MATLAB 软件平台的实验教程,在第一版的基础上改编而成。内容涵盖了 MATLAB 基础知识、图像处理工具箱、图像处理基本理论和方法、MATLAB 函数和自定义函数,并提供了图像处理实验的具体实例。本书共 10 章,包括 MATLAB 编程基础、图像处理工具箱、图像增强实验——灰度变换与空间滤波、图像增强实验——频域滤波、图像复原实验、几何变换与图像配准实验、彩色图像处理实验、图像压缩实验、形态学图像处理实验、图像分割实验。

本书可作为高等学校计算机和电子信息类专业本科生数字图像处理课程的实验指导书,也可供信号与信息处理、通信与信息系统、控制科学与工程、模式识别与智能系统、生物医学工程等专业的研究生、教师和科技工作者参考。

图书在版编目(CIP)数据

数字图像处理实验教程/柏正尧主编. —2 版. —北京:科学出版社,2023.3

科学出版社"十四五"普通高等教育本科规划教材
ISBN 978-7-03-075094-5

Ⅰ. ①数… Ⅱ. ①柏… Ⅲ. ①数字图像处理–高等学校–教材
Ⅳ. ①TN911.73

中国国家版本馆 CIP 数据核字(2023)第 041223 号

责任编辑:潘斯斯 陈 琪/责任校对:王萌萌
责任印制:张 伟/封面设计:迷底书装

科 学 出 版 社 出版
北京东黄城根北街 16 号
邮政编码:100717
http://www.sciencep.com

北京建宏印刷有限公司 印刷

科学出版社发行 各地新华书店经销
*

2017 年 2 月第 一 版 开本:787×1092 1/16
2023 年 3 月第 二 版 印张:13
2023 年 12 月第五次印刷 字数:308 000
定价:59.00 元
(如有印装质量问题,我社负责调换)

前　言

"数字图像处理"是为计算机和电子信息类专业本科生开设的一门专业课程。学习"数字图像处理"课程，学生应具备较扎实的数理基础和软件编程能力，还应学习"信号与系统""数字信号处理"等课程。同时，"数字图像处理"也是一门实践性强、与工程实际结合紧密的课程，学习该课程需要配套的图像处理实验教材，帮助学生理解图像处理的基本理论、基本方法和常用图像处理算法等。

作者在云南大学信息学院从事了近 20 年的数字图像处理课程教学工作，一直采用 R. C. Gonzalez 等编著的 *Digital Image Processing* 作为教材，采用 *Digital Image Processing Using MATLAB* 作为参考书，开展数字图像处理课程双语教学实践。

《数字图像处理实验教程》自 2017 年出版以来，一直作为云南大学电子信息科学与技术、电子信息工程等专业数字图像处理实验课程教材。同时，也被国内多所院校选用。第二版教材在总结第一版使用情况的基础上，对内容进行了修订，主要包括以下几点。

（1）除了第 1 章和第 2 章外，其余各章均增加实验目的。

（2）删除自定义函数部分，仅说明其使用方法，详细的函数定义请读者参考 R. C. Gonzalez 等编著的《数字图像处理（MATLAB 版）》（第二版）。

（3）各章更换了大部分实验用图，修改了实验内容，重新设计了实验实例程序。

（4）第 2 章内容更翔实，增加了若干例子。

（5）作者将为选用第二版教材的教师提供实验中所用图像、实验程序代码、习题参考解答和实验报告等电子资料（可发送申请邮件至 baizhy@ynu.edu.cn）。

（6）部分彩图可扫描相关二维码进行观看。

全书共 10 章，其中，第 1～7 章由柏正尧教授编写，第 8～10 章由普园媛教授编写。全书由柏正尧教授统稿。各章内容简介如下。

第 1 章 MATLAB 编程基础，介绍 MATLAB 快速入门、MATLAB 函数和 MATLAB 编程。

第 2 章图像处理工具箱，介绍图像输入、输出及类型转换、图像显示与探索、图像几何变换与配准、图像增强、图像分析与分割等相关的 MATLAB 函数。

第 3 章图像增强实验——灰度变换与空间滤波，介绍图像空间域处理理论基础、图像空间域处理相关 MATLAB 函数使用方法、空间域处理自定义函数，给出图像空间域处理实验的实例、习题及要求。

第 4 章图像增强实验——频域滤波，介绍图像频域处理理论基础、图像频域处理相关 MATLAB 函数使用方法、频域处理自定义函数，给出图像频域处理实验的实例、习题及要求。

第 5 章图像复原实验，介绍图像复原理论基础、图像复原相关 MATLAB 函数使用方法、图像复原自定义函数，给出图像复原实验的实例、习题及要求。

第 6 章几何变换与图像配准实验，介绍图像几何变换与图像配准理论基础、几何变换与图像配准相关 MATLAB 函数使用方法、图像配准自定义函数，给出图像配准实验的实例、习题及要求。

第 7 章彩色图像处理实验，介绍彩色图像处理理论基础、彩色图像处理相关MATLAB函数使用方法、彩色图像处理自定义函数，给出彩色图像处理实验的实例、习题及要求。

第 8 章图像压缩实验，介绍图像压缩理论基础、图像压缩相关 MATLAB 函数使用方法、图像压缩自定义函数，给出图像压缩实验的实例、习题及要求。

第 9 章形态学图像处理实验，介绍形态学图像处理理论基础、形态学图像处理相关 MATLAB 函数使用方法、形态学图像处理自定义函数，给出形态学图像处理实验的实例、习题及要求。

第 10 章图像分割实验，介绍图像分割理论基础、图像分割相关 MATLAB 函数使用方法、图像分割自定义函数，给出图像分割实验的实例、习题及要求。

本书的出版得到了云南大学"双一流"建设经费的支持，在此表示感谢。

在本书编写过程中，作者参考了国内外专家和学者的论文、专著等文献，在此一并表示衷心感谢。同时，感谢科学出版社各位编辑的辛勤劳动，是他们认真细致的工作，才使得本书能如期出版。

"数字图像处理"是一门具有难度的课程，应用领域广泛并且不断拓展，书中若存在不妥之处，敬请读者批评指正。

柏正尧

2022 年 12 月于云南大学呈贡校区

目　　录

第1章 MATLAB 编程基础

MATLAB 是美国 MATHWORKS 公司推出的一款用于数值计算、可视化、编程的高级语言和交互式开发环境。采用 MATLAB 可进行数据分析、算法开发、模型创建。利用 MATLAB 语言、工具及内嵌数学函数，可进行多种方法的探索，快速实现解决方案。MATLAB 应用范围很广，包括信号处理和通信、图像与视频处理、控制系统、试验与测量、计算金融学、计算生物学等，工业界和学术界数以百万计的工程师和科学家都在使用 MATLAB 这门科学计算语言。

MATLAB 语言具有如下特点。

（1）一种可视化和应用开发的高级语言。

（2）可实现交互式探索，设计和问题求解的交互式开发环境。

（3）求解一般微分方程的数学函数，如线性代数、统计、傅里叶分析、滤波器、优化、数值积分。

（4）内嵌用于数据可视化和创建用户图形的图形学工具。

（5）用于改进代码质量，增加可维护性，性能最大化的开发工具。

（6）具有将基于 MATLAB 的算法与外部应用和 C 语言、Java 语言、.NET 语言等集成的函数。

MATLAB 是 matrix laboratory 的缩写，意为矩阵实验室。不同于其他编程语言（大部分一次处理一个数），MATLAB 是对整个矩阵和数组进行运算。无论哪种数据类型，所有 MATLAB 变量都是多维数组。矩阵就是一个用于线性代数的二维数组。

1.1 MATLAB 快速入门

基于矩阵的 MATLAB 语言是最适合计算数学表达的方式之一。其内置图形使数据易于可视化，帮助用户深入洞悉数据特性。MATLAB 可以帮助用户将想法扩展到桌面之外，对更大的数据集进行分析，并扩展到集群和云。

1.1.1 矩阵与数组

与其他编程语言每次只处理一个数不同，MATLAB 是对整个矩阵和数组进行运算。矩阵是常用于线性代数的二维数组。

1. 数组创建

创建数组和矩阵可以采用多种方式。

创建一维数组，可用逗号或空格将数组元素分开。例如，输入 a=[1 2 3 4]或 a=[1, 2, 3, 4]并回车，命令窗口会显示：

```
a =
    1  2  3  4
```

数组 a 是一个行矢量。

创建矩阵，可用分号将行与行分隔开。例如，输入 A=[1 2 3;4 5 6;7 8 9] 并回车，命令窗口会显示：

```
A =
    1  2  3
    4  5  6
    7  8  9
```

创建矩阵还可以采用函数实现，如 ones、zeros、rand 等。例如，创建一个元素全为 0 的行矢量 z，可用命令 z=zeros(1,5)，命令窗口会显示：

```
z =
    0  0  0  0  0
```

2. 矩阵和数组运算

MATLAB 允许用于一个算术运算符或函数对矩阵的所有元素进行运算。例如，

```
b = a+10
b =
    11  12  13
    14  15  16
    17  18  19
c = sin(a)
c =
    0.8415   0.9093   0.1411
   -0.7568  -0.9589  -0.2794
    0.6570   0.9894   0.4121
```

矩阵转置运算采用单引号 "'" 实现。例如，

```
d = a'
d =
    1  4  7
    2  5  8
    3  6  9
```

MATLAB 可进行标准的矩阵乘法运算，用星号 "*" 算符实现，例如，验证矩阵 a 与其逆矩阵的乘积是否为单位矩阵，

```
p = a * inv(a)
p =
    1.0000   0        -0.0000
    0        1.0000   0
    0        0         1.0000
```

注意 p 不是整数值矩阵，因为 MATLAB 是以浮点形式存储数值的，而算术运算对于实际值与其浮点表示值的微小差别很敏感。可以用 format 命令显示更多有效位。

矩阵按元素的乘法可用算符“.*”实现。例如，

```
p = a.*a
p =
    1   4   9
   16  25  36
   49  64  81
```

矩阵乘法、除法、幂运算都有相应的按元素进行计算的算符。例如，计算矩阵 a 的元素的三次方，

```
p = a.^3
p =
    1     8    27
   64   125   216
  343   512   729
```

3. 数组连接

MATLAB 可将多个数组连接起来成为一个更大的数组。实际上，单个元素连接起来就构成一个数组，这时连接算符是方括号“[]”。用逗号将两个数组连接起来，称为水平连接，这时要求两个数组行数相同。类似地，用分号可将具有相同列数的两个数组进行垂直方向的连接。例如，

```
A = [a, a]
A =
    1  2  3  1  2  3
    4  5  6  4  5  6
    7  8  9  7  8  9
A = [a; a]
A =
    1  2  3
    4  5  6
    7  8  9
    1  2  3
    4  5  6
    7  8  9
```

4. 复数

复数由实部和虚部构成，其中虚数单位是–1 的平方根。在 MATLAB 中，可以用 i 或 j 表示复数的虚部。例如，

```
c = [3+4i, 4+3j; -i, 10j]
c =
   3.0000 + 4.0000i   4.0000 + 3.0000i
   0.0000 - 1.0000i   0.0000 + 10.0000i
```

1.1.2 数组引用

MATLAB 中的每一个变量都是一个数组，可以保存多个数。如果要存取一个数组中指定的元素，可以采用引用方法。例如，4×4 魔方阵，

```
A = magic(4)
A =
    16   2   3   13
     5  11  10    8
     9   7   6   12
     4  14  15    1
```

引用数组中特定的元素有两种方法，一种方法是用元素的行和列下标来引用。例如，

```
A(4, 2)
ans =
    14
```

另一种方法是用一个下标来引用，下标排列顺序为按列从上到下、从左到右的顺序，这种引用方法称为线性引用。例如，

```
A(8)
ans =
    14
```

引用数组中的多个元素，可以用冒号":"来确定起始位置和终止位置。单独的冒号，没有起始值和终止值，则表示引用该维度的全部元素。例如，

```
A(1:3, 2)
ans =
     2
    11
     7
A(1:3, :)
ans =
    16   2   3   13
     5  11  10    8
     9   7   6   12
```

冒号还可以用来创建等间隔大小的向量，格式为"起始值：步长：终止值"。如果步长为1，则可以省略。例如，

```
B = 0:10:100
B =
     0  10  20  30  40  50  60  70  80  90  100
```

1.1.3 字符串

字符串是一个用两个单引号引起来的任意多个字符构成的序列，可以将字符串赋给变量。例如，

```
myText = 'Hello, world'
```

如果文字中已包含单引号，则在定义中需要用两个单引号。例如，

```
otherText = 'You''re right'
otherText =
            You're right
```

同所有 MATLAB 变量一样，myText 和 otherText 都是数组。它们的数据类型是 char，这是短字符型数据，用 whos 命令可以看到。

```
whos myText
  Name       Size             Bytes  Class    Attributes
  myText     1x12                24  char
```

与连接数值型数组一样，可以用方括号"[]"连接字符串。例如，

```
longText = [myText, '-', otherText]
longText =
            Hello, world - You're right
```

用函数 num2str 或 int2str 可以将数值转换为字符串。例如，

```
f = 71;
c = (f-32)/1.8;
tempText = ['Temperature is', num2str(c), 'C']
tempText =
            Temperature is 21.6667C
```

1.1.4　函数调用

MATLAB 提供了大量的函数用于完成计算任务。这里的函数相当于其他编程语言中的子程序或方法。

一般的函数包含输入参数和输出参数。输入参数用圆括号"()"括起来，若有多个输入参数，则它们之间用逗号分隔开；输出参数用方括号"[]"括起来，若有多个输出参数，则它们之间也用逗号分隔开；若输入参数是字符串，则用单引号"''"引起来；有的函数既没有输入参数，也没有输出参数，如 clc、clf 等，直接输入函数名即可。

1.1.5　二维和三维图形

用函数 plot 可以绘制二维线图。例如，绘制 0 到 2π 正弦函数曲线，可用下面的语句实现。

```
x = 0 : pi/100 : 2*pi;
y = sin(x);
plot(x, y, 'k')
xlabel('x')
ylabel('sin(x)')
title('正弦函数曲线')
```

后三条语句的作用是给坐标轴加标注、给图形加标题。绘制的正弦曲线如图 1-1 所示。在 plot 调用中加入第三个和第四个参数，可以修改线型、颜色和线宽。例如，用 plot(x, y, 'r--', 'LineWidth', 1.5)可绘制如图 1-2 所示的正弦曲线。

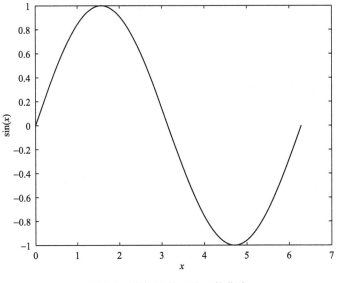

图 1-1　带标注的正弦函数曲线

图 1-2

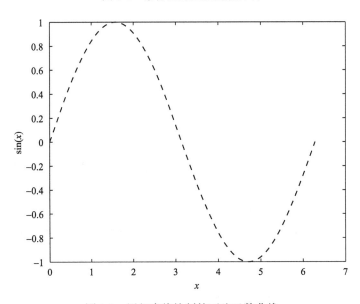

图 1-2　用红虚线绘制的正弦函数曲线

如果要在一个图形窗口中绘制两条或多条曲线,可以用 hold on 命令保持当前图形窗口,直到用 hold off 命令关闭保持功能, 所有曲线都绘制在当前的图形窗口中。例如,

```
x = 0:pi/100:2*pi;
y = sin(x);
plot(x, y, 'k', 'LineWidth', 1.0)
hold on
y2 = cos(x);
plot(x, y2, 'r:', 'LineWidth', 1.5)
legend('sin', 'cos')
```

绘制的正弦和余弦曲线如图 1-3 所示。

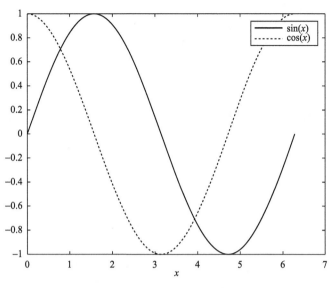

图 1-3　正弦曲线和余弦曲线

三维图形用于显示两变量函数 $z=f(x, y)$ 的表面。计算 z 首先要用函数 meshgrid 创建一组在函数 f 定义域范围内的坐标点 (x, y)。例如，计算 $z = xe^{-x^2-y^2}$ 可用下面的命令：

```
[X, Y] = meshgrid(-2:.2:2);
Z = X .* exp(-X.^2 - Y.^2);
```

然后，用函数 surf 创建如图 1-4 所示的曲面图：

```
surf(X, Y, Z)
xlabel('X'), ylabel('Y'), zlabel('Z')
```

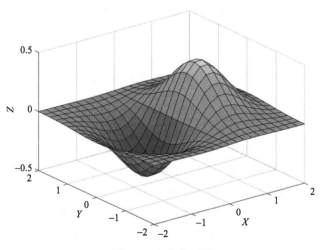

图 1-4　三维曲面图

调用 subplot 函数，可以在一个图形窗口的不同子区域显示多个图形。例如，

```
t = 0:pi/10:2*pi;
[X, Y, Z] = cylinder(4*cos(t));
subplot(2, 2, 1); mesh(X); title('X');
subplot(2, 2, 2); mesh(Y); title('Y');
subplot(2, 2, 3); mesh(Z); title('Z');
subplot(2, 2, 4); mesh(X, Y, Z); title('X, Y, Z');
```

subplot 函数中的前两个参数指明子区域行和列位置，第三个参数指明活动区域。绘制图形如图 1-5 所示。

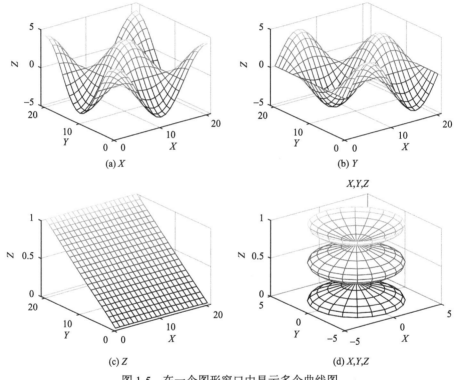

图 1-5　在一个图形窗口中显示多个曲线图

1.2　MATLAB 函数

MATLAB 内嵌了大量的函数，这些函数满足了常见的数值计算需要。MATLAB 函数分为基础函数、数学函数、绘图函数、编程函数、数据与文件管理函数、GUI 函数、高级软件开发函数等。基础函数又分为矩阵与数组函数、基本运算函数、数据类型函数、日期与时间函数等。数学函数分为基本数学函数、线性代数函数、统计与随机数函数、优化计算函数、数值积分与微分方程函数、傅里叶分析与滤波函数、稀疏矩阵函数、计算几何函数。绘图函数分为二维和三维绘图函数、图形格式化与标记函数、图像函数、打印输出函数、图形对象函数。编程函数包括控制流函数、脚本编辑函数、调试函数等。

下面列出一些常用的 MATLAB 函数，表 1-1 为矩阵与数组创建与运算的函数，表 1-2 为数据类型转换函数。其他函数的介绍请读者查阅 MATLAB 的帮助文档。

表 1-1　矩阵与数组函数

函数名称	函数调用基本格式	函数功能描述
accumarray	A = accumarray (subs,val)	用累加创建数组。根据向量 subs 指定下标对 val 中的元素进行累加得到新数组 A
blkdiag	out = blkdiag (a,b,c,d,···)	利用输入数据创建块对角矩阵
diag	D = diag (v,k)	创建对角矩阵。将向量 v 中的元素放在 D 的第 k 个对角线上（k=0 表示主对角线）
eye	I = eye (n)	创建 n×n 单位矩阵
linspace	y = linspace (a,b,n)	在[a,b]范围内创建有 n 个等间隔数据的向量，n 的默认值为 100
logspace	y = logspace (a,b,n)	在[10^a,10^b]范围创建 n 个对数等间隔向量，n 的默认值为 50
meshgrid	[X,Y] = meshgrid (xgv,ygv) [X,Y,Z] = meshgrid (xgv,ygv,zgv)	创建二维和三维网格，xgv，ygv 和 zgv 为网格向量
ndgrid	[X1,X2,X3,···,Xn] = ndgrid (x1gv,x2gv, x3gv, ···,xngv)	创建 n 维空间网格
ones	X = ones (m,n)	创建 m×n 全 1 矩阵
rand	r = rand (m,n)	创建 m×n 均匀分布伪随机数矩阵
true	T = true (m,n)	创建 m×n 的逻辑 1 矩阵
zeros	X = zeros (m,n)	创建 m×n 全 0 矩阵
cat	C = cat (dim, A, B)	按照 dim 指定维度连接矩阵或数组 A 和 B
horzcat	C = horzcat (A1,···,AN)	将数组或矩阵进行水平连接
vertcat	C = vertcat (A1,···,AN)	将数组或矩阵进行垂直连接
length	number = length (array)	计算数组的长度或最大维数
ndims	N = ndims (A)	计算数组或矩阵的维数
numel	n = numel (A)	计算数组或矩阵的元素数目
size	[m,n] = size (X)	计算矩阵 X 的维度大小
height	H = height (T)	计算表格 T 的高度
width	W = width (T)	计算表格 T 的宽度
circshift	Y = circshift (A,K)	将列向量 A 循环移位 K 次
ctranspose	b = a' (b = ctranspose (a))	计算矩阵 a 或对象 a 复共轭转置
flip	B = flip (A,dim)	将向量或矩阵元素顺序反转
fliplr	B = fliplr (A)	将向量或矩阵元素顺序左右反转
fllipud	B = flipud (A)	将向量或矩阵元素顺序上下反转
permute	B = permute (A,order)	将数组 A 元素重新排列
repmat	B = repmat (A,n)	复制矩阵
reshape	B = reshape (A,m,n)	调整矩阵维度

函数名称	函数调用基本格式	函数功能描述
rot90	B = rot90(A)	矩阵顺时针旋转 90°
sort	B = sort(A,dim)	将矩阵元素进行升序排列
sortrows	B = sortrows(A,column)	将矩阵元素按行进行升序排列
squeeze	B = squeeze(A)	数组中仅有一个元素的维度
transpose	b = a.' b = transpose(a)	矩阵非共轭转置

表 1-2 数据类型转换函数

函数名称	函数调用基本格式	函数功能描述
double	y = double(x)	将变量 x 的数据类型转换为双精度类型
single	B = single(A)	将变量 A 的数据类型转换为单精度类型
int8	intArray = int8(array)	转换为 8 位有符号数
int16	intArray = int16(array)	转换为 16 位有符号数
int32	intArray = int32(array)	转换为 32 位有符号数
int64	intArray = int64(array)	转换为 64 位有符号数
uint8	intArray = uint8(array)	转换为 8 位无符号数
uint16	intArray = uint16(array)	转换为 16 位无符号数
uint32	intArray = uint32(array)	转换为 32 位无符号数
uint64	intArray = uint64(array)	转换为 64 位无符号数
char	S = char(X)	转换为字符串或字符数组
strcat	combinedStr = strcat(s1,s2,···,sN)	连接字符串
strjoin	str = strjoin(C)	连接胞元数组中的字符串
strcmp	TF = strcmp(s1,s2)	比较字符串(区分大小写)
strcmpi	TF = strcmpi(string,string)	比较字符串(不区分大小写)
strncmp	TF = strncmp(string,string,n)	比较字符串前 n 个字符(区分大小写)
strncmpi	TF = strncmpi(string,string,n)	比较字符串前 n 个字符(不区分大小写)
lower	t = lower('str')	转换为小写字符
upper	t = upper('str')	转换为大写字符
categorical	B = categorical(A)	由数组 A 创建分类数组
categories	C = categories(A)	获取分类数组中的类别
addcats	B = addcats(A,newcats)	添加类别到分类数组中
mergecats	B = mergecats(A,oldcats)	将类别合并到一个分类数组中
reordercats	B = reordercats(A)	分类数组中类别重新排序
removecats	B = removecats(A)	从分类数组中删除类别
renamecats	B = renamecats(A,newnames)	对分类数组中的类别重新命名
table	T = table(var1,···,varN)	由工作空间变量创建表格
array2table	T = array2table(A)	将数组转换为表格

续表

函数名称	函数调用基本格式	函数功能描述
cell2table	T = cell2table(C)	将胞元数组转换为表格
struct2table	T = struct2table(S)	将结构数组转换为表格
table2array	A = table2array(T)	将表格转换为数组
table2cell	C = table2cell(T)	将表格转换为胞元数组
table2struct	S = table2struct(T)	将表格转换为结构数组
readtable	T = readtable(filename)	从文件读取表格
writetable	writetable(T,filename)	写表格
struct	s = struct(field1,value1,…,fieldN,valueN)	创建结构数组
getfield	value = getfield(struct, 'field')	获取结构数组的字段
cell	C = cell(dim1,…,dimN)	创建胞元数组
cell2mat	A= cell2mat(C)	将胞元数组转换为矩阵
mat2cell	C = mat2cell(A,dim1Dist,…,dimNDist)	将矩阵转换为胞元数组
cell2struct	structArray = cell2struct(cellArray, fields, dim)	将胞元数组转换为结构数组
struct2cell	c = struct2cell(s)	将结构数组转换为胞元数组
num2cell	C = num2cell(A)	将数组转换为胞元大小相同的胞元数组
int2str	str = int2str(N)	将整数转换为字符串
mat2str	C = num2cell(A)	将矩阵转换为字符串
num2str	str = num2str(A)	将数值转化为字符串
str2double	X = str2double('str')	将字符串转化为双精度数据
str2num	x = str2num('str')	将字符串转化为数值
dec2bin	str = dec2bin(d)	将十进制数转为二进制数
dec2hex	str = dec2hex(d)	将十进制数转换为十六进制数
hex2dec	d = hex2dec('hex_value')	将十六进制数转换为十进制数
hex2num	n = hex2num(S)	将十六进制数转换为双精度数
num2hex	h= num2hex(X)	将单精度和双精度数转换为十六进制数

1.3　MATLAB 编程

1.3.1　控制流语句

控制流语句包括条件语句、循环语句、分支语句等。

1. 条件语句

条件语句表示如果条件为真，则执行语句，其格式如下。

```
if expression
    statements
```

```
elseif expression
    statements
else
    statements
end
```

2. 循环语句

循环语句分为 for 循环、parfor 循环和 while 循环。

1）for 循环

for 循环是按指定的次数执行语句，其格式如下。

```
for index = values
    program statements
       ...
end
```

其中，values 为 initval:step:endval，即初始值：步长：终止值，若步长为 1，则可以省略。

2）parfor 循环

parfor 循环是一种并行循环，它需要 MATLAB 并行计算工具箱支持，其格式如下。

```
parfor loopvar = initval:endval; statements; end
```

3）while 循环

while 循环是在表达式为真的条件下重复执行语句，其格式如下。

```
while expression
    statements
end
```

对于 for 和 while 循环，可以用 break 命令终止循环，用 continue 命令将循环控制转到下一次循环。

3. 分支语句

switch 分支语句是根据表达式的值，执行不同的语句，其格式如下。

```
switch switch_expression
  case case_expression
  statements
  case case_expression
  statements
     ...
  otherwise
  statements
end
```

1.3.2 编辑脚本文件

创建、编辑程序脚本文件，可以采用如下三种方式。

(1)用 eidit 命令。格式为：edit file_name。执行该命令，打开.m 文件编辑器(Editor)，可以编辑脚本文件。若没有指定文件名，则 MATLAB 采用未命名文件 untitled。

(2)单击 MATLAB 命令窗口左上角的"New Script(新建脚本)"按钮，打开.m 文件编辑器。

(3)右击历史命令语句，然后选择"新建脚本"，也可以打开.m 文件编辑器。

在脚本文件编辑中，可以给命令语句加注释，用百分号(%)表示注释开始；还可以将代码分节(Section)，用两个百分号(%%)表示每节代码开始。每个代码节可以单独运行。

MATLAB 脚本文件或函数可以指定格式进行发布，这些格式包括 HTML、pdf、Microsoft PowerPoint 等。另外，用 notebook 命令可以在 Microsoft Word 中创建 MATLAB notebook，用户在 Word 文档中就可以运行 MATLAB 程序，记录运行结果(数据或图形)。

1.3.3　定义 MATLAB 函数

在 MATLAB 中，函数是接受输入参数并返回输出结果的程序。函数是通过 function 声明函数名称、输入参数、输出参数，函数声明格式如下。

```
function [y₁, …, y_N] = myfun(x₁, …, x_M)
```

上式声明了一个名为myfun的函数，有 M 个输入参数 $x_1, \cdots, x_M$，N 个输出参数 $y_1, \cdots, y_N$。函数声明语句必须置于函数的第一行。函数名必须以字符开头，可以包含字母、数字和下划线。函数保存的文件名必须与函数名相同，扩展名为.m。一个函数内可以定义多个局部函数，每个函数都必须以关键字 end 结束。下面是函数定义的两个例子。

【例 1-1】　定义一个名为 stat 的函数。

```
function [m, s] = stat(x)
n = length(x);
m = sum(x)/n;
s = sqrt(sum((x-m).^2/n));
end
```

调用函数 stat 的格式如下：

```
values = [12.7, 45.4, 98.9, 26.6, 53.1];
[ave, stdev] = stat(values)
```

计算结果为

```
ave =
     47.3400
stdev =
      29.4124
```

【例 1-2】　定义一个包含局部函数的函数 stat2。

```
function [m, s] = stat2(x)
n = length(x);
m = avg(x, n);
s = sqrt(sum((x-m).^2/n));
end
```

```
function m = avg(x,n)
m = sum(x)/n;
end
```

其中，函数 avg 为局部函数。函数 stat2 的调用格式如下。

```
values = [12.7, 45.4, 98.9, 26.6, 53.1];
[ave, stdev] = stat2(values)
```

计算结果为

```
ave =
     47.3400
stdev =
      29.4124
```

一个 MATLAB 程序文件可包含一个主函数、若干个局部函数或内嵌函数。局部函数与内嵌函数的主要区别是，内嵌函数可以使用父函数定义的变量，而不需要将变量作为参数进行传递。内嵌函数主要用于子程序间共享数据，例如，在进行 GUI 编程时，可通过内嵌函数在各个部件中传递数据。此外，MATLAB 还有私有函数、匿名函数(通过函数句柄调用)等。

第2章　图像处理工具箱

MATLAB 图像处理工具箱(Image Processing Tool, IPT)为图像处理、分析、可视化及算法研究提供了一整套参考标准算法、函数和应用，可实现图像分析、图像分割、图像增强、降噪、几何变换和图像配准等。图像处理工具箱中的许多函数还支持多核处理器、GPU 及 C 代码产生。

图像处理工具箱支持多种图像类型，包括高动态范围、百万像素分辨率、嵌入 ICC 颜色配置文件及层析成像等。可视化函数和应用函数可让用户对图像和视频进行探索，检查一个区域的像素，调整颜色和对比度，创建轮廓或直方图，处理感兴趣区域(ROI)。工具箱支持大型图像处理、显示、导航工作流。图像处理工具箱具有如下主要功能。

(1)图像分析，包括图像分割、形态学处理、图像统计与测量。

(2)图像增强，滤波和去模糊。

(3)几何变换和基于亮度的图像配准方法。

(4)图像变换，包括 FFT、DCT、Radon 变换和计算扇形波束投影(Fan-beam Projection)。

(5)大型图像工作流，包括块处理，拼接和多分辨率显示。

(6)可视化应用，包括图像浏览器和视频浏览器。

(7)多核和 GPU 嵌入函数，C 代码产生。

2.1　图像输入、输出与类型转换

MATLAB 最基本的数据结构是数组，它自然也适合于表示图像。利用图像处理工具箱中的函数，可以将图像数据从所支持的图形文件输入到工作空间(Workspace)中。反过来，也可以将图像从工作空间输出到支持的图形文件中。除了基本的图像输入输出功能，MATLAB 还可输入输出标准的科学文件格式(Scientific File Formats)、高动态范围(High Dynamic Range,HDR)图像、大型文件图像等。利用图像处理工具箱中的函数，还可以将图像从一种类型转换为另一种类型。

2.1.1　基本的图像输入输出

在 MATLAB 图像处理工具箱中，最基本的图像输入输出函数有三个，分别是 imread、imwrite 和 iminfo。它们的使用方法说明如下。

```
[A, map] = imread(filename)
imwrite(A, map, filename)
info = imfinfo(filename)
```

其中，filename 包括文件名和扩展名，它是字符串类型，因此需要用单引号表示，也可以用双引号表示。扩展名表示图像的图形文件格式。MATLAB 支持的图形文件格式（Graphics File Formats）有图形交换格式（Graphics Interchange Format，GIF）、联合图像专家组（Joint Photographic Experts Group，JPEG）格式、便携式网络图形（Portable Network Graphics，PNG）格式和标记图像文件格式（Tagged Image File Format，TIFF）等。下面举例说明这些函数的用法。

【例 2-1】　　从图形文件中将图像数据读入 MATLAB 工作空间中，查看存储图像数据的变量属性。

```
ty = imread('图2-1.jpg'); % 将图像数据读入工作空间，并保存在变量 ty 中。
imf = imfinfo('图2-1.jpg'); % 将图形文件信息读入工作空间，并保存在变量 imf 中。
imwrite (ty, 'ty1.jpg'); % 将图像写到 jpg 格式图形文件中，保存在当前目录下。
whos % 列出工作空间中变量的大小和类型。
```

图 2-1 是中国 500m 口径球面射电望远镜（Five-hundred-meter Aperture Spherical radio Telescope, FAST），又称"中国天眼"的图像。运行上述 MATLAB 代码，结果可看到图像的相关信息，如图 2-2 所示。可以看到，变量 ty 大小为 4667×7000×3，数据类型为 8 位无符号数（uint8），占用 9,800,700 字节（Bytes）存储空间。inf 是一个 1×1 结构体变量，占用 6,596 字节存储空间，其包含图像的详细信息，如文件名、日期、大小、文件格式等。另外，当前目录下已增加了一个名为 ty1.jpg 的图形文件。

图 2-1　"中国天眼"

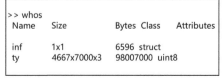

　(a) 工作空间中的变量　　　　　　　　　(b) 命令窗口显示的变量信息

```
inf =

  struct with fields:

                    Filename: 'C:\Users\baizhy\Desktop\数字图像处理实验教程（第二版）\第2章图\图2-1.jpg'
                 FileModDate: '20-Aug-2022 23:27:53'
                    FileSize: 31299686
                      Format: 'jpg'
               FormatVersion: ''
                       Width: 7000
                      Height: 4667
                    BitDepth: 24
                   ColorType: 'truecolor'
             FormatSignature: ''
             NumberOfSamples: 3
                CodingMethod: 'Huffman'
               CodingProcess: 'Sequential'
                     Comment: {}
               BitsPerSample: [8 8 8]
                 Compression: 'Uncompressed'
    PhotometricInterpretation: 'RGB'
                 Orientation: 1
              SamplesPerPixel: 3
                 XResolution: 3000
                 YResolution: 3000
               ResolutionUnit: 'Inch'
```

(c) 命令窗口显示的图像详细信息

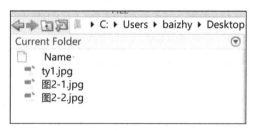

(d) 当前目录下的文件

图 2-2　工作空间和命令窗口显示结果

2.1.2　图像类型转换

　　MATLAB 定义了几种基本的图像类型，分别是二值图像（Binary Image）、索引图像（Indexed Image）、灰度图像（Grayscale Image）和真彩色图像（Truecolor Image）。另外还有高动态范围图像（High Dynamic Range Image, HDR）、多谱图像、超谱图像和标记图像（Label Images）等。索引图像由图像矩阵和颜色图（Colormap）两部分组成，真彩色图像最常见的是 RGB 图像，由 R、G、B 三个颜色矩阵组成。图像类型说明见表 2-1，这些图像类型决定了 MATLAB 将数组元素解释为像素强度值的方式。在每种图像类型中，像素以不同的格式存储。例如，真彩色图像将一个像素表示为红色、绿色和蓝色值的三元组，而灰度图像将像素表示为单个强度值。不同图像类型的像素值可以是浮点数、有符号和无符号整数或逻辑值等数据类型。

表 2-1　MATLAB 定义的图像类型

图像类型	说明
二值图像	图像数据存储为 $m×n$ 逻辑矩阵，其中，0 和 1 的值分别解释为黑色和白色。一些工具箱函数还可以将 $m×n$ 数值矩阵解释为二进制图像，其中，0 的值为黑色，所有非零值为白色
索引图像	图像数据存储为 $m×n$ 数值矩阵，其元素直接索引到颜色图中。颜色图的每一行指定单个颜色的红色、绿色和蓝色分量
灰度图像	图像数据存储为 $m×n$ 数值矩阵，其元素指定灰度值。最小值表示黑色，最大值表示白色； 对于单精度数组或双精度数组，值的范围为[0,1]； 对于 uint8 数组，值的范围为[0,255]； 对于 uint16 数组，值的范围为[0,65535]； 对于 int16 数组，值的范围为[-32768,32767]
真彩色图像	图像数据存储为 $m×n×3$ 数值数组，其元素指定三个颜色通道之一的强度值。对于 RGB 图像，三个通道表示图像的红色、绿色和蓝色信号； 对于单精度数组或双精度数组，RGB 值的范围为[0,1]； 对于 uint8 数组，RGB 值的范围为[0, 255]； 对于 uint16 数组，RGB 值的范围为[0,65535]； 还有彩色模型，称为彩色空间，使用三个通道描述颜色。对于这些彩色空间，每种数据类型的范围可能不同于 RGB 彩色空间中图像所允许的范围
高动态范围图像	HDR 图像存储为 $m×n$ 数值矩阵或 $m×n×3$ 数值数组，类似于灰度或 RGB 图像。HDR 图像的数据类型为单精度或双精度，但数据值不限于范围[0,1]，并且可以包含 Inf 值
多谱图像和超谱图像	图像数据存储为 $m×n×c$ 数值数组，其中 c 是颜色通道数
标记图像	图像数据存储为 $m×n$ 类别矩阵或非负整数的数值矩阵

　　MATLAB 图像处理工具箱函数使用户能够在图像类型和数据类型之间进行转换。图像类型和数据类型转换函数名称及功能见表 2-2。这些转换函数的使用方法将在本书后续相关章节中介绍。

表 2-2　图像和数据类型转换函数

函数名称	函数功能	函数名称	函数功能
gray2ind	将灰度图像或二值图像转换为索引图像	im2bw	依据指定阈值将图像转换为二值图像
ind2gray	将索引图像转换为灰度图像	graythresh	采用 Otsu 方法获取全局图像阈值
mat2gray	将矩阵转换为灰度图像	grayslice	采用多级阈值将灰度图像转换为索引图像
rgb2gray	将 RGB 图像转换为灰度图像	im2double	将图像转换为双精度类型数据
ind2rgb	将索引图像转换为 RGB 图像	im2int16	将图像转换为 16 位有符号类型数据
label2rgb	将标记矩阵转换为 RGB 图像	im2java2d	将图像转换为 Java 缓冲图像
demosaic	将 Bayer 模式编码图像转换为真彩色图像	im2single	将图像转换为单精度类型数据
imquantize	采用指定的量化等级和输出值对图像进行量化	im2uint16	将图像转换为 16 位无符号类型数据
multithresh	采用 Otsu 方法获取多级图像阈值		

2.2 图像显示与探索

查看图像是图像处理的基础。图像处理工具箱提供了许多图像处理应用程序（APP），用于查看、浏览图像和立体图像。用户使用 Image Viewer 应用程序，可以查看像素信息、平移和缩放、调整对比度和测量距离；使用 Volume Viewer 应用程序浏览立体图像。工具箱还提供了创建自己的应用程序的可视化工具。

2.2.1 基本图像显示

图像处理工具箱包括 imshow 和 imtool 两个显示函数。这两个函数都运行在图形结构中，创建图像对象并将其显示在图形对象包含的轴对象中。imshow 是基本的图像显示函数，使用 imshow 可在图形窗口中显示工具箱支持的任何不同图像类型，如灰度（强度）、真彩色（RGB）、二进制和索引图像。函数 imshow 的使用方法说明如下。

（1）imshow(I)，在具有句柄的图形窗口显示输入图像，I 可以是灰度图像、真彩色图像、二值图像。

（2）imshow(I,RI)，显示具有 2D 空间参考对象 RI 的输入图像 I。

（3）imshow(X,map)，根据颜色映射表 map 显示索引图像 X。颜色映射表包括很多行，但只有 3 列。每行表示一种颜色，第一个值是红色光的亮度，第二个值是绿色光的亮度，第三个值是蓝色光的亮度。颜色的亮度值在 0.0 到 1.0 之间。

（4）imshow(X,RX,map)，根据 2D 空间参考对象 RX 和颜色映射表 map，显示索引图像 X。

（5）imshow(filename)，显示存储在字符串 filename 指定的图形文件中的图像。

（6）imshow(___,Name,Value, ...)，显示图像，并指定多个参数值。

（7）imshow(gpuarrayIM,___)，显示包含在 gpuArray 中的图像，该调用格式需要并行计算工具箱（Parallel Computing Toolbox）支持。

（8）imshow(I,[low high])，显示灰度图像 I，二元矢量[low high]指定显示范围。

（9）imshow(___,Name,Value,...)，显示图像，用 name-value 对控制操作。

（10）himage = imshow(___)，返回 imshow 创建的图像对象句柄。

通常，使用工具箱函数显示图像比使用 MATLAB 图像显示函数 image 和 imagesc 更好，因为工具箱函数会自动设置某些图形对象属性，以优化图像显示。

2.2.2 用图像观看工具进行交互式图像探索

在 MATLAB 中，还可以采用图像工具软件观看和探索图像，设置显示偏好。这些工具名称及功能见表 2-3。使用显示函数 imtool 打开 Image Viewer 应用程序，它提供了一个用于显示图像和执行一些常见图像处理任务的集成环境，如图 2-3 所示。在 MATLAB 命令窗口输入"imtool"并按回车键，显示一个图形窗口，单击"File"打开一个图像。在 Tools 下拉菜单中包含表 2-3 中的图像探索功能。Image Viewer 提供了 imshow 的所有图像显示功能，还可访问其他几种用于导航和浏览图像的工具，例如，滚动条、像素区域(Pixel Region)工具、图像信息(Image Information)工具和调整对比度(Adjust Contrast)工具。

表 2-3 交互式看图工具函数

函数名称	函数功能	函数名称	函数功能
imtool	图像观看探索工具	impixelregion	图像像素区域工具
imageinfo	图像信息显示工具	immagbox	滚动面板的放大工具
imcontrast	对比度调整工具	imoverview	滚动面板的浏览工具
imdisplayrange	在当前图形窗口显示图像亮度范围	iptgetpref	获取图像处理工具箱偏好设置值
imdistline	距离测量工具	iptprefs	显示图像处理工具箱偏好设置对话框
impixelinfo	图像像素信息工具	iptsetpref	图像处理工具箱偏好设置或显示有效值
impixelinfoval	无文本标记的图像像素信息工具		

图 2-3 图像显示与探索的集成环境

2.3 图像几何变换与图像配准

图像处理工具箱支持图像平移、缩放、旋转以及其他 N-D 变换，支持使用强度相关性、特征匹配或控制点映射实现图像对齐功能。

2.3.1　图像几何变换

　　MATLAB 图像处理工具箱提供了实现图像平移、缩放、旋转、剪裁等常见几何变换功能的函数，还可以对多维数组进行更复杂的仿射和投影几何变换。常见的图像几何变换函数名称及功能见表 2-4。

表 2-4　常见的图像几何变换函数

函数名称	函数功能	函数名称	函数功能
imcrop	图像剪裁	imrotate	图像旋转
Imcrop3	3D 图像剪裁	imrotate3	3D 图像旋转
imresize	图像缩放	imtranslate	图像平移
imresize3	3D 图像缩放	impyramid	图像金字塔缩小或扩展

　　工具箱支持使用 imwarp 工作流执行一般的几何变换。它将输出图像中的像素坐标映射到输入图像中的坐标，并通过映射过程对输入图像的输出像素值进行插值。执行一般的 2D、3D 和 N-D 几何变换，首先要创建存储变换信息的几何变换对象，然后将要变换的图像和几何变换对象传递给 imwarp 函数。创建及使用 2D、3D 和 N-D 几何变换的函数或对象见表 2-5。

表 2-5　一般的几何变换函数或对象

函数或对象名称	函数或对象功能
fitgeotform2d	将二维几何变换拟合到控制点对
affinetform2d	二维仿射几何变换
affinetform3d	三维仿射几何变换
rigidtform2d	二维刚性几何变换
rigidtform3d	三维刚性几何变换
simtform2d	二维相似几何变换
simtform3d	三维相似几何变换
transltform2d	二维平移几何变换
transltform3d	三维平移几何变换
projtform2d	二维射影几何变换
geometricTransform2d	二维几何变换对象
geometricTransform3d	三维几何变换对象
PiecewiseLinearTransformation2D	二维分段线性几何变换
PolynomialTransformation2D	二维多项式几何变换
LocalWeightedMeanTransformation2D	二维局部加权平均几何变换
imwarp	对图像应用几何变换
transformPointsForward	应用正向几何变换

续表

函数或对象名称	函数或对象功能
transformPointsInverse	应用逆向几何变换
Warper	对许多图像有效应用相同的几何变换
tformarray	将空间变换应用于 N-D 数组
findbounds	查找空间变换的输出边界
fliptform	翻转空间变换结构的输入和输出角色
makeresampler	创建重采样结构
maketform	创建 N-D 空间变换结构(TFORM)
tformfwd	应用正向 N-D 空间变换
tforminv	应用逆向 N-D 空间变换

【例 2-2】 图像旋转和缩放。使用 imrotate 函数旋转图像时,可以指定要旋转的图像和旋转角度(以° 为单位)。若指定正旋转角度,图像则逆时针旋转;若指定负旋转角度,图像则顺时针旋转。

```
f = imread('circuit.tif'); % 读入图像
g = imrotate(f, 35, 'bilinear'); % 将图像逆时针旋转35°,并用双线性变换进行插值
figure, imshowpair(f, g, 'montage'); % 用蒙太奇方式显示旋转前后的图像
h = imrotate(f, 35, 'bilinear', 'crop'); % 再次旋转原始图像,并指定将旋转的图像
                                         % 裁剪为与原始图像相同的大小
figure, imshowpair(f, h, 'montage'); % 用蒙太奇方式显示原图像和旋转剪裁后的图像
```

运行上述 MATLAB 代码,显示结果如图 2-4 所示。其中,图 2-4(a)是图像旋转的结果,可以看到,旋转图像的(背景)尺寸更大了。图 2-4(b)是图像旋转并剪裁到原图像大小的结果。

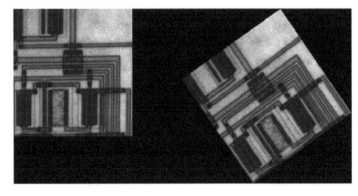

(a)图像旋转

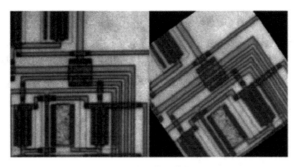

(b)图像旋转并剪裁

图 2-4　图像旋转和剪裁

2.3.2　图像配准

图像配准是将同一个场景的两幅或多幅图像进行对齐的过程。配准过程是将一幅图像指定为参考图像，对待配准的其余图像进行几何变换，使得它们与参考图像对齐的过程。通过几何变换，一幅图像中的位置点映射到另一幅图像中的新位置。确定正确的几何变换参数是图像配准的关键。尽管是对同一场景进行拍摄，不同的拍摄条件可能改变相机的视角，还有镜头和传感器失真，不同设备之间的差异等因素可能导致图像失配。

常见的图像配准方法有三种,分别是基于亮度的自动图像配准、基于控制点的图像配准、基于特征的自动图像配准。MATLAB 图像处理工具箱提供的图像配准函数，可以根据亮度对两幅图像进行自动配准，或者根据选择的控制点进行配准。计算机视觉工具箱（Computer Vision Toolbox, CVT）支持基于特征的自动配准。使用 MATLAB 提供的配准估计器（Registration Estmator）APP，可实现交互式的图像配准。Registration Estimator 提供了几种使用基于特征、基于强度和非刚性配准算法的配准技术。图像配准函数名称及功能见表2-6。

表 2-6　图像配准函数

函数名称	函数功能
imregister	基于亮度的图像配准
imregconfig	图像配准的配置
imregtform	计算配置 2-D 或 3-D 图像采用的几何变换
imregcorr	计算采用相位相关配准图像的几何变换
imregdemons	计算配准 2-D 或 3-D 图像的位移区
cpselect	控制点选择工具
fitgeotrans	根据控制点确定几何变换
cpcorr	采用互相关调整控制点位置
cpstruct2pairs	将 CPSTRUCT 转换为控制点对
normxcorr2	2-D 互相关归一化
cp2tform	根据控制点对计算空间变换，返回结果为 TFORM 结构
imshowpair	显示两个图像的差
imfuse	两个图像融合

【例 2-3】　使用配准估计器 APP 实现交互式图像配准。使用例 2-2 方法，在工作空间中创建两个未对齐的图像，一个是固定图像，另一个是将固定图像顺时针旋转 30° 来创建的动图像。可从命令窗口打开 Registration Estimator，因为图像没有空间参考信息或初始变换估计。指定动图像和固定图像作为两个输入参数。若图像具有空间参考信息，或者要指定初始变换估计值，则必须使用对话框窗口加载图像。

```
I = imread('cameraman.tif');
J = imrotate(I, -30);
registrationEstimator(J, I)
```

加载图像后，APP 将显示图像的叠加并创建三个配准试验：相位相关、最大稳定极值区域（Maximally Stable Extremal Region, MSER）和加速鲁棒特征（Speeded Up Robust Features, SURF）。这些试验作为初始结果出现在历史列表中。单击每个试用版来调整配准设置。默认的绿色洋红色覆盖样式，以绿色显示固定图像，以洋红色显示移动图像（请扫描二维码观看彩图）。在两幅图像强度相似的区域，叠加结果看起来是灰色的。其他覆盖样式有助于可视化配准结果。

使用默认设置运行三个默认配准试验。单击历史记录列表中的每个试验后，单击配准图像。配准完成后，试验显示质量分数和计算时间。质量分数大致根据 ssim 函数来计算，并提供配准质量的总体估计，分数接近 1 表示配准质量较高。不同的配准技术和设置可以得到相似的质量分数，但会在图像的不同区域显示错误。检查图像叠加结果，其中的颜色表示残余错位，确认哪种配准技术是最可接受的。配准初始结果和最终结果如图 2-5 所示。

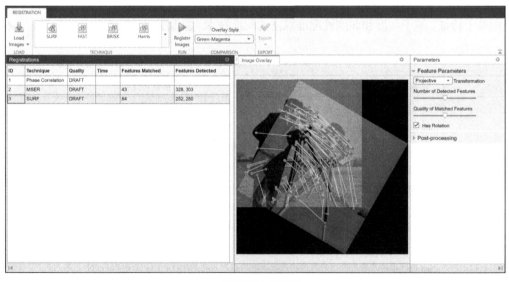

(a) 图像配准初始结果

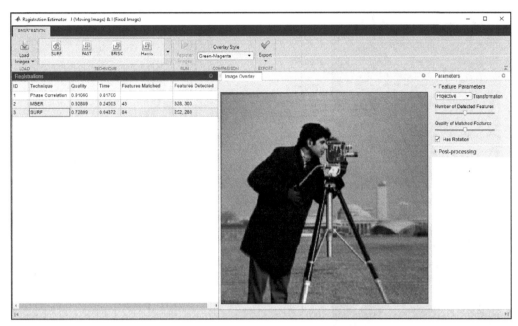

图 2-5

(b) 图像配准最终结果

图 2-5　交互式图像配准

2.4　图 像 增 强

　　图像增强可以使图像中被掩盖的细节显示出来,或者突出图像中感兴趣的某些特征。图像增强的方法有对比度调整、滤波、形态学滤波和去模糊等。图像增强运算一般返回一个对原图像进行修正的图像,通常作为改进图像分析结果的一个预处理步骤。

2.4.1　对比度调整

　　对比度调整将图像亮度值重新映射到数据类型的整个显示范围。对比度高的图像在黑白之间有明显的差异。图 2-6 可以说明这一点。图 2-6(a)的图像对比度较低,亮度值仅限于范围的中间部分。图 2-6(c)的图像对比度较高,亮度值填充了整个亮度范围[0,255]。在高对比度图像中,突出部分看起来更亮,阴影看起来更暗。

　　对比度调整方法包括图像亮度或颜色映射表调整、直方图均衡和去相关拉伸等。表 2-7 给出了对比度调整的有关函数名称及功能。本节中介绍的函数主要适用于灰度图像。但其中一些函数也可以应用于彩色图像。

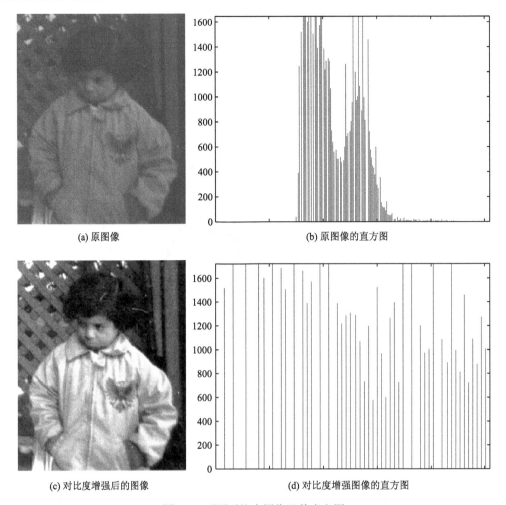

(a) 原图像　　　　　　　　　　　　　(b) 原图像的直方图

(c) 对比度增强后的图像　　　　　　　　(d) 对比度增强图像的直方图

图 2-6　不同对比度图像及其直方图

表 2-7　图像对比度调整函数

函数名称	函数功能	函数名称	函数功能
imadjust	调整图像亮度值或颜色映射表	imhistmatch	调整图像直方图以匹配参考图像直方图
imcontrast	图像对比度调整工具	decorrstretch	对多通道图像进行去相关拉伸
imsharpen	采用反锐化掩膜方法对图像进行锐化	stretchlim	确定对比度扩展图像的上下限
histeq	采用直方图均衡方法对图像进行对比度增强	intlut	用查找表对整数值进行转换
adapthisteq	对比度受限的自适应直方图均衡(CLAHE)	imnoise	图像加噪声

2.4.2　图像滤波

图像滤波是一种修改或增强图像的技术。例如，使用图像滤波可以强调某些特征或删除其他特征。通过滤波实现的图像处理运算包括平滑、锐化和边缘增强。滤波是一种图像像素邻域运算，输出图像中任何给定像素的值是相应输入像素邻域中的像素值应用某种算法计算确定的。像素的邻域是一组像素，由它们相对于该像素的位置定义。线性滤波是指输出像素的值是输入像素邻域中像素值的线性组合的滤波，图像的线性滤波可通过卷积等相关运算来实现。卷积是一种邻域运算，其中每个输出像素是相应输入像素的邻域像素值的加权和。权重矩阵称为卷积核，也称为滤波器。卷积核是旋转了 180° 的相关核。相关运算与卷积密切相关。在相关运算中，输出像素的值也是相应输入像素的邻域像素值的加权和。不同之处在于，权重矩阵在计算过程中不旋转。MATLAB 图像处理工具箱提供的滤波函数名称及功能见表 2-8。

表 2-8 图像滤波函数

函数名称	函数功能	函数名称	函数功能
imfilter	N-D 图像滤波	nlfilter	图像滑块邻域运算
imgaussfilt	2-D 图像高斯滤波	bwareafilt	根据大小从二值图像提取目标
imgaussfilt3	3-D 图像高斯滤波	bwpropfilt	根据性质从二值图像提取目标
fspecial	产生预定义 2-D 滤波器	padarray	数组阵列扩展
imguidedfilter	图像引导滤波	freqz2	2-D 频率相应
normxcorr2	归一化 2-D 互相关	fsamp2	用频率采样法设计 2-D FIR 滤波器
wiener2	2-D 维纳滤波(自适应去噪滤波)	ftrans2	用频率变换法设计 2-D FIR 滤波器
medfilt2	2-D 中值滤波	fwind1	用 1-D 窗函数法设计 2-D FIR 滤波器
ordfilt2	2-D 秩统计滤波	fwind2	用 2-D 窗函数法设计 2-D FIR 滤波器
stdfilt	图像局部标准偏差	convmtx2	计算 2-D 卷积矩阵
rangefilt	图像局部差	Image Region Analyzer	二值图像区域分析工具
entropyfilt	灰度图像局部熵		

【例 2-4】 通过卷积和相关运算计算图像线性滤波输出。假设一个 5×5 的图像 A 和一个 3×3 的滤波器 h 为

$$A=\begin{bmatrix} 17 & 24 & 1 & 8 & 15 \\ 23 & 5 & 7 & 14 & 16 \\ 4 & 6 & 13 & 20 & 22 \\ 10 & 12 & 19 & 21 & 3 \\ 11 & 18 & 25 & 2 & 9 \end{bmatrix}, \quad h=\begin{bmatrix} 8 & 1 & 6 \\ 3 & 5 & 7 \\ 4 & 9 & 2 \end{bmatrix}$$

计算 (2, 4) 位置的输出像素值。

使用卷积计算的基本步骤为：将滤波器 h 关于其中心元素旋转 180° 以创建卷积核，滑动卷积核的中心元素，将其叠加在图像 A 的 (2,4) 元素之上，将旋转后的卷积核中的每个权重乘对应的图像 A 的像素，最后将所有乘积求和即得到 (2,4) 位置上的输出像素值。如图 2-7(a) 所示，结果为

$$1×2+8×9+15×4+7×7+14×5+16×3+13×6+20×1+22×8=575$$

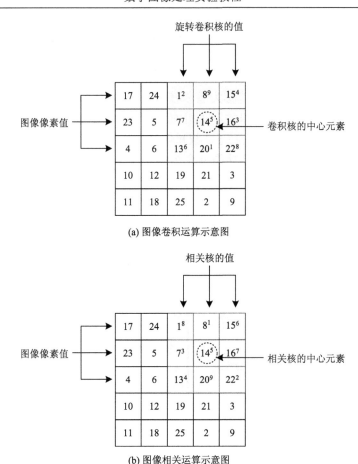

(a) 图像卷积运算示意图

(b) 图像相关运算示意图

图 2-7　　图像空间滤波

　　相关运算与卷积密切相关。在相关运算中，输出像素的值也为相应输入像素的邻域像素值的加权和。不同之处在于权重矩阵(滤波器)在计算过程中不旋转。图 2-7(b)显示如何计算图像 A 的相关在位置(2,4)输出的像素值，计算步骤为：滑动相关核的中心元素，将其叠加到图像 A 的位置(2,4)元素的上方，将相关核中的每个权重乘以对应的像素值，最后将各乘积求和即得到位置(2,4)的输出像素。结果为

$$1×8+8×1+15×6+7×3+14×5+16×7+13×4+20×9+22×2=585$$

2.4.3　形态学运算

　　数学形态学是一系列基于形状来处理图像的运算。在形态学运算中，图像中的每个像素都根据其邻域中其他像素的值进行调整。选择邻域的大小和形状，可以构造对输入图像中的特定形状敏感的形态学运算。数学形态学是一个用于描述图像区域形状(如边界、骨架和凸壳等)的非常有效的工具。形态学方法，如形态学滤波、细化、修剪等，还可用于图像预处理和后处理。MATLAB 图像处理工具箱提供的图像形态学运算函数名称及功能见表 2-9。

表 2-9　图像形态学运算函数

函数名称	函数功能	函数名称	函数功能
bwhitmiss	二值图像击中-击不中运算	imregionalmax	图像区域最大值
bwmorph	二值图像形态学运算	imregionalmin	图像区域最小值
bwulterode	极限腐蚀运算	imtophat	图像顶帽滤波
bwareaopen	二值图像区域开运算(去除小目标)	watershed	图像分水岭变换
imbothat	底帽滤波	conndef	创建连通数组
imclearborder	抑制图像边界相接的轻微结构	iptcheckconn	检查验证连通性参数的有效性
imclose	图像的形态学闭运算	applylut	采用查找表的二值图像邻域运算
imdilate	图像的形态学膨胀运算	bwlookup	用查找表的非线性滤波
imerode	图像的形态学腐蚀运算	makelut	创建查找表
imextendedmax	图像扩展最大值变换	strel	创建形态学结构元素
imextendedmin	图像扩展最小值变换	getheight	获取结构元素的高度
imfill	图像区域和孔洞填充	getneighbors	获取结构元素邻域位置及高度
imhmax	图像 H-最大变换	getnhood	获取结构元素邻域
imhmin	图像 H-最小变换	getsequence	获取结构元素分解序列
imimposemin	保留区域最小值	isflat	判断是否为扁平结构元素
imopen	图像形态学开运算	reflect	结构元素反射
imreconstruct	图像形态学重构	translate	结构元素平移

　　最基本的形态学运算是膨胀(Dilation)和腐蚀(Erosion)。膨胀将像素添加到图像中对象的边界，而腐蚀则删除对象边界上的像素。图像中的对象添加或删除的像素数取决于处理图像的结构元素的大小和形状。在形态学膨胀和腐蚀运算中，通过对输入图像中的相应像素及其邻域应用规则来确定输出图像中任何给定像素的状态。膨胀和腐蚀通常结合使用来实现图像处理运算，例如，图像的形态学开运算定义为先腐蚀后膨胀，两种运算使用相同的结构元素，可以将膨胀和腐蚀结合起来，从图像中去除小目标，并平滑大目标的边界。图 2-8 是形态学膨胀、腐蚀、开、闭运算的例子，其中左侧图为原图像，右侧图为形态学运算后的图像。

(a) 形态学膨胀运算

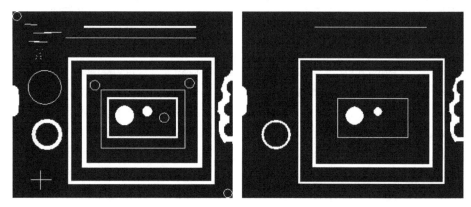

(b) 形态学腐蚀运算

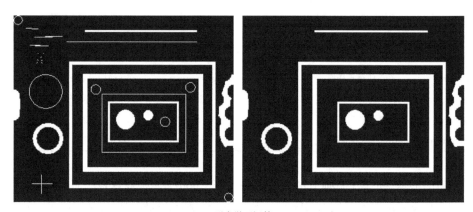

(c) 形态学开运算

(d) 形态学闭运算

图 2-8　基本的形态学运算

2.4.4 去模糊

　　图像可能会因模糊而失真，如运动模糊或镜头失焦导致的模糊。模糊由失真算子表示，也称为点扩展函数（Point Spread Function, PSF）。不同的去模糊算法根据图像中 PSF 和噪声的知识来估计和消除模糊。图像去模糊是通过解卷积来实现的。MATLAB 图像处理工具箱中提供了若干函数，用于图像去模糊运算。函数名称及功能见表 2-10。

表 2-10　图像去模糊函数

函数名称	函数功能	函数名称	函数功能
deconvblind	采用盲解卷积的图像去模糊	edgetaper	降低图像边缘的不连续性
deconvlucy	采用 Lucy-Richardson 方法的图像去模糊	otf2psf	将光学传递函数转换为点扩展函数
deconvreg	采用正则滤波器的图像去模糊	psf2otf	将点扩展函数转换为光学传递函数
deconvwnr	采用维纳滤波器的图像去模糊		

　　【例 2-5】　模拟图像模糊过程。将一个清晰的图像与 PSF 卷积进行模糊处理。使用 fspecial 函数创建模拟运动模糊的 PSF，指定模糊的长度（像素）LEN=31 和模糊的角度（度数）THETA=11。创建 PSF 后，使用 imfilter 函数将 PSF 与原始图像进行卷积，产生模糊图像。

```
I = imread('peppers.png'); % 读入图像
I = I(60+[1:256], 222+[1:256], :); % 剪裁图像
figure; imshow(I); title('辣椒图像');
LEN = 31;
THETA = 11;
PSF = fspecial('motion', LEN, THETA); % 创建PSF
Blurred = imfilter(I, PSF, 'circular', 'conv'); % 通过滤波产生模糊
figure; imshow(Blurred); title('模糊图像');
```

　　运行上述 MATLAB 代码，结果如图 2-9 所示。其中，图 2-9（a）为辣椒图像，图 2-9（b）为模拟生成的运动模糊图像。

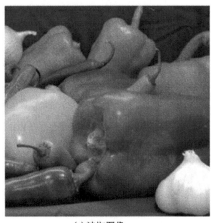 

（a）辣椒图像　　　　　　　　　　　（b）模糊图像

图 2-9　模糊图像生成

2.4.5 基于区域的处理

感兴趣区域(Region of Interest, ROI)是图像的一部分,以某种方式对其进行滤波或其他运算。ROI 可表示为二进制掩膜(Mask)图像。在掩膜图像中,属于 ROI 的像素设为 1,ROI 之外的像素设为 0。工具箱提供了几个选项来指定 ROI 和创建二进制掩膜。工具箱还支持一组对象,可以使用这些对象创建不同形状的 ROI,如圆、椭圆、多边形、矩形和手绘形状。创建对象后,可以修改其形状、位置、外观和属性。

区域处理主要是针对图像中感兴趣区域(ROI)进行处理。MATLAB 图像处理工具箱提供了对图像区域进行定义和处理的函数。这些函数可分为 ROI 几何形状描述函数、ROI 形状创建函数、ROI 形状定制函数、掩膜创建函数及 ROI 滤波函数。函数名称及功能见表 2-11。

表 2-11 图像区域处理函数

函数类型	函数名称	函数功能	函数类型	函数名称	函数功能
ROI 几何形状描述函数	AssistedFreehand	辅助手绘感兴趣区域	ROI 形状创建函数	drawassisted	借助对象边缘创建可定制的手绘 ROI
	Circle	感兴趣的圆形区域		drawcircle	创建可定制的圆形 ROI
	Crosshair	感兴趣的十字形区域		drawcrosshair	创建可定制的十字形 ROI
	Cuboid	感兴趣的立方体区域		drawcuboid	创建可定制的立方体形 ROI
	Ellipse	感兴趣的椭圆形区域		drawellipse	创建可定制的椭圆形 ROI
	Freehand	手绘的感兴趣		drawfreehand	创建可定制的手绘 ROI
	Line	感兴趣的线条区域		drawline	创建可定制的线性 ROI
	Point	感兴趣的点区域		drawpoint	创建可定制的点 ROI
	Polygon	感兴趣的多边形区域		drawpolygon	创建可定制的多边形 ROI
	Polyline	感兴趣的多段线区域		drawpolyline	创建可定制的多线条 ROI
	Rectangle	感兴趣的矩形区域		drawrectangle	创建可定制的矩形 ROI
ROI 形状定制函数	draw	开始交互式绘制 ROI	使用 ROI 的图像滤波函数		
	reduce	降低 ROI 中的点密度		regionfill	使用内插值填充图像中的指定区域
	beginDrawing FromPoint	从指定点开始绘制 ROI		inpaintCoherent	使用基于相干传输的图像修复技术恢复特定图像区域
	inROI	查询点是否位于 ROI 中		inpaintExemplar	使用基于范例的图像修复技术恢复特定图像区域
	bringToFront	将 ROI 置于轴堆叠顺序的前面		roicolor	基于颜色选择 ROI 区域
	wait	阻止 MATLAB 命令行直到 ROI 操作结束		roifilt2	对图像中的 ROI 区域进行滤波
由 ROI 创建掩膜的函数	createMask	由 ROI 创建二进制掩膜图像		reducepoly	使用 Ramer–Douglas–Peucker 算法降低 ROI 中的点密度
	roipoly	指定 ROI 多边形区域			
	poly2mask	将 ROI 多边形区域转换为区域掩膜			

【**例 2-6**】　　使用 roifilt2 函数指定的滤波器对感兴趣区域(ROI)进行滤波。下面的代码使用 imadjust 函数使得图像的某些部分更亮。

```
f = imread('cameraman.tif'); % 读入图像
figure, imshow(f) % 显示图像
bw = imread('text.png'); % 创建掩膜图像
mask = bw(1:256, 1:256);
figure, imshow(mask) % 显示掩膜图像
fun = @(x) imadjust(x, [], [], 0.3); % 创建函数句柄
f1 = roifilt2(f, mask, fun); % 用掩膜和滤波器对图像进行滤波
figure, imshow(f1) % 显示区域滤波后的图像
```

运行上述 MATLAB 代码,结果如图 2-10 所示。其中,图 2-10(a)为原图像,图 2-10(b)为二进制掩膜图像, 图 2-10(c)为根据掩膜图像对原图像相应区域进行增亮的图像, 结果是将掩膜以 30%的亮度叠加到原图像相应位置上。

(a)原图像　　　　　　　　　　　　　　　　(b)掩膜图像

(c)局部增亮的图像

图 2-10　图像区域滤波

2.4.6 邻域和块处理

　　滑动邻域运算是一次对一个像素执行的运算，将算法应用于输入像素的邻域，可计算得到输出图像对应像素的值。像素的邻域是一组像素，由它们相对于该像素的位置定义，该像素称为中心像素。邻域像素构成一个矩形块，在图像矩阵中从一个元素移动到下一个元素时，邻域块会沿同一方向滑动。一些图像处理算法需要对图像进行分块处理，而不是一次处理整个图像。在非重叠块处理中，把图像分割成大小相等、不重叠的块，算法应用于每个非重叠块，然后将块重新组合，形成输出图像。工具箱中包含多个函数，可实现块或邻域运算。这些函数将输入图像分解为块或邻域，调用指定的函数来处理每个块或邻域，将处理结果重新组合为输出图像。MATLAB 图像处理工具箱中的邻域和块处理函数，主要功能是定义滤波的邻域和待处理的图像块。邻域和块处理函数名称及功能见表 2-12。

表 2-12　邻域和块处理函数

函数名称	函数功能	函数名称	函数功能
blockproc	根据分块对图像进行不同块处理	col2im	将矩阵的每一列重排为块
bestblk	确定块处理的优化块尺寸	colfilt	按列进行邻域运算
nlfilter	滑块邻域运算	im2col	将图像块重排为列

　　【例 2-7】　使用 blockproc 函数实现块处理。blockproc 函数从图像中提取每个不同的块，并将其传递给指定的函数进行处理。blockproc 函数把返回的块组合可以创建输出图像。将一个 RGB 图像的红色分量 R 和绿色分量 G 交换，形成一个 GRB 图像。

```
I = imread('peppers.png'); % 读入图像
% 定义块处理函数，fun为函数句柄
fun = @(block_struct) block_struct.data(:, :, [2 1 3]);
% 对图像进行块处理运算
blockproc(I, [200 200], fun, 'Destination', 'grb_peppers.tif');
figure, imshow('peppers.png'); % 显示原图像
figure, imshow('grb_peppers.tif'); % 显示块处理后的图像
```

　　运行上述 MATLAB 代码，结果如图 2-11 所示。将 RGB 图像的分量 R 和分量 G 交换后形成的图像，辣椒的颜色由红变绿，其他颜色也有变化。若是纯白色或纯黑色，则不会发生变化。

2.4.7 图像算术运算

　　图像算术运算是对图像执行标准的算术运算，如加法、减法、乘法和除法。图像算术运算在图像处理中有许多用途，既可以作为更复杂运算的初始步骤，也可以单独使用。例如，图像减法可用于检测同一场景或对象的两个或多个图像之间的差异。

图 2-11

(a) RGB 图像　　　　　　　　　　　　　　　(b) GRB 图像

图 2-11　图像的块处理

除了使用 MATLAB 算术运算符进行图像运算，图像处理工具箱还包括一组函数，用于实现所有数字、非解析数据类型的算术运算。算术函数接受任何数字数据类型，包括 uint8、uint16 和 double，并以相同格式返回结果图像。这些函数以双精度数据逐个元素执行运算，但不会在 MATLAB 工作空间中将图像转换为双精度值。函数会自动处理计算结果的溢出，剪裁返回值以适合数据类型。MATLAB 图像处理工具箱提供的图像算术运算函数名称及功能见表 2-13。

表 2-13　图像算术运算函数

函数名称	函数功能	函数名称	函数功能
imabsdiff	两个图像的绝对差	imdivide	两个图像相除或一个图像除以一个常数
imadd	两个图像相加或将一个常数加到图像上	imlincomb	图像的线性组合
imapplymatrix	彩色通道的线性组合	immultiply	两个图像相乘或一个图像乘以常数
imcomplement	图像求补运算	imsubtract	两个图像相减或从一个图像减去一个常数

2.5　图像分析与分割

图像分析是一个从图像中提取有意义信息的过程，例如，找到具有一定形状的目标、统计目标数、辨识目标颜色、测量目标性质等。MATLAB 图像处理工具箱为统计分析和性质测量等图像分析，提供了一整套参考标准算法及可视化函数。

2.5.1　目标分析

目标分析主要是检测图像中目标的边缘、圆和直线、跟踪目标边界、进行四叉树分解等。在图像中，边缘是沿着图像强度快速变化路径的曲线，通常与场景中对象的边界相关联。可用不同的算法检测直线、圆形物体或任意形状区域的边缘。MATLAB 图像处理工具箱中目标分析函数名称及功能见表 2-14。

表 2-14 目标分析函数

函数名称	函数功能	函数名称	函数功能
bwboundaries	跟踪二值图像中的区域边界	imgradient	计算图像的梯度大小和方向
bwtraceboundary	跟踪二值图像中的目标	imgradientxy	计算图像的方向梯度
visboundaries	绘制区域边界	hough	Hough 变换
edge	找到灰度图像中的边缘	houghlines	采用 Hough 变换提取直线
imfindcircles	用圆形 Hough 变换检测圆	houghpeaks	确定 Hough 变换中的峰值
viscircles	创建圆	qtdecomp	进行四叉树分解
corner	检测图像中的角点	qtgetblk	四叉树分解的分块值及位置
cornermetric	由图像创建角点测量矩阵	qtsetblk	设置四叉树分解的分块值

【例 2-8】 使用工具箱函数 bwtraceboundary 和 bwboundaries 查找二值图像中物体的边界。

```
I = imread('coins.png'); % 读入图像
figure, imshow(I)
BW = imbinarize(I); % 图像二值化
figure, imshow(BW)
dim = size(BW); % 图像大小
col = round(dim(2)/2)-90; % 边界像素坐标
row = min(find(BW(:,col)));
boundary = bwtraceboundary(BW,[row, col], 'N'); % 跟踪边界
figure, imshow(I)
hold on;
plot(boundary(:, 2), boundary(:, 1), 'g', 'LineWidth', 3); % 绘制边界曲线
BW_filled = imfill(BW, 'holes'); % 二值图像孔填充
boundaries = bwboundaries(BW_filled); % 跟踪填充图像的边界
for k = 1:10
    b = boundaries{k};
    plot(b(:, 2), b(:, 1), 'g', 'LineWidth', 3); % 绘制所有物体的边界曲线
end
```

运行上述 MATLAB 代码，结果如图 2-12 所示。图 2-12(a)为硬币图像，图 2-12(b)为二值图像，图 2-12(c)所示为其中一个物体的边界曲线，图 2-12(d)则绘制了图像中所有 10 个物体的边界曲线。

2.5.2 区域与图像属性

图像区域也称为对象或连通分量，具有面积、质心、方向和边界框等属性。要计算这些属性和更多的属性值，可以使用 Image Region Analyzer 应用程序或 regionprops 函数。还可以沿图像中的路径测量单个像素的像素值，或在整个图像上聚合像素值。MATLAB

图像处理工具箱提供了一组函数，用于获取图像中目标的相关信息。这些函数的名称及功能见表 2-15。

(a)硬币图像

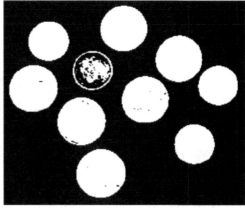

(b)二值图像

(c)标记一个物体的边界

(d)标记全部物体的边界

图 2-12　图像中物体边界追踪结果

图 2-12

表 2-15　区域与图像性质获取函数

函数名称	函数功能	函数名称	函数功能
regionprops	测量图像区域性质	imhist	计算绘制图像直方图
bwarea	二值图像中目标的面积大小	impixel	图像像素的颜色值
bwareafilt	根据尺寸大小从二值图像提取目标	improfile	查找线段上像素的值
bwconncomp	找出二值图像中的连通分量	corr2	二维互相关函数
bwconvhull	产生二值图像的凸壳图像	mean2	矩阵元素的均值
bwdist	二值图像的距离变换	std2	矩阵元素的标准偏差
bwdistgeodesic	二值图像的测地距离变换	bwlabel	标记 2-D 二值图像中的连通分量
bweuler	计算二值图像的欧拉数	bwlabeln	标记 N-D 二值图像中的连通分量

续表

函数名称	函数功能	函数名称	函数功能
bwperim	计算二值图像中目标的周长	labelmatrix	根据 bwconncomp 结构产生标记矩阵
bwpropfilt	根据性质提取二值图像中的目标	bwpack	二值图像打包
bwselect	选择二值图像中的目标	bwunpack	从打包二值图像获取二值图像
graydist	灰度图像的灰度加权距离变换	Image Region Analyzer	图像区域分析工具
imcontour	产生图像的轮廓图		

2.5.3　纹理分析

纹理分析是基于纹理构成对图像区域进行描述，即根据像素值的空间变化对粗糙与平滑、柔顺与凹凸不平等直观感受进行定量描述。粗糙度或凹凸度是指亮度值或灰度的变化。纹理分析可用于遥感、自动检查和医学图像处理中。纹理分析可以用来找到纹理边界，称为纹理分割。在图像主要由纹理而不是亮度来描述、传统的阈值分割应用效果不佳的情况下，纹理分析是很有用的。MATLAB 图像处理工具箱中包含多个基于标准统计度量的纹理分析函数，见表 2-16。

表 2-16　纹理分析函数

函数名称	函数功能	函数名称	函数功能
entropy	计算灰度图像的熵	stdfilt	图像的局部标准偏差
entropyfilt	计算灰度图像的局部熵	graycomatrix	计算图像的灰度共生矩阵(GLCM)
rangefilt	图像的局部范围	graycoprops	灰度共生矩阵的性质

2.5.4　图像质量

若在图像采集和处理过程中存在失真，则图像质量可能会降低。失真的例子包括噪声、模糊、振铃和压缩瑕疵。目前已制定多种衡量图像质量的客观标准，有价值的质量指标与人类观察者对质量的主观感知密切相关。通过质量度量还可以追踪经图像处理流水线传播的未察觉错误，并可用于比较图像处理算法。

若有不失真的图像，则可以将其用作参考，以测量其他图像的质量。例如，在评估压缩图像的质量时，未压缩的图像是非常有用的参考。在这些情况下，可以使用完全参考质量度量直接比较目标图像和参考图像。若没有不失真的参考图像可用，则可用无参考图像质量度量，这些指标根据预期的图像统计信息计算质量分数。

MATALB 图像处理工具箱提供了 5 个完全参考图像质量度量函数和 3 个无参考图像质量评价函数，这些函数的名称和功能见表 2-17。

表 2-17　图像质量度量函数

函数类型	函数名称	函数功能
完全参考图像质量度量函数	immse	均方误差(MSE)。MSE 度量实际像素值和理想像素值之间的平均平方误差。该指标计算简单，但可能与人类对质量的感知不太一致
	psnr	峰值信噪比(PSNR)。PSNR 由均方误差导出，表示最大像素灰度值与失真功率的比值。与 MSE 一样，PSNR 指标计算简单，但可能与人类对质量的感知不太一致
	ssim	结构相似性(SSIM)指标。SSIM 度量将本地图像结构、亮度和对比度组合为一个本地质量分数。在这个度量中，结构是经过亮度和对比度规格化后的像素灰度模式，尤其是相邻像素之间的灰度模式。由于人类视觉系统善于感知结构，SSIM 质量度量与主观质量分数更为接近
	multissim multissim3	多尺度结构相似性(MS-SSIM)指标。MS-SSIM 度量通过将最高分辨率级别的亮度信息与多个下采样分辨率或尺度的结构和对比度信息相结合来扩展 SSIM 指标。多尺度解释了图像细节感知的可变性，这些可变性是由图像的视距、场景到传感器的距离以及图像采集传感器的分辨率等因素造成的。multissim 用于二维图像质量评价，multissim3 用于三维图像质量评价
无参考图像质量评价函数	brisque	盲/无参考图像空间质量评估器(BRISQUE)。BRISQUE 模型是在已知失真的图像数据库上训练的，BRISQUE 仅限于评估具有相同类型失真的图像质量。BRISQUE 是有评分监督的，即主观质量分数伴随着训练图像
	niqe	自然图像质量评估器(NIQE)。虽然 NIQE 模型是在原始图像数据库上训练的，但 NIQE 可以测量任意失真的图像质量。NIQE 是无评分监督的，不使用主观质量分数。代价是图像的 NIQE 分数可能与 BRISQUE 分数和人类对质量的感知没有关联
	piqe	基于感知的图像质量评估器(PIQE)。PIQE 算法是无监督的，它是不需要经过训练的模型。PIQE 可以测量任意失真图像的质量，在大多数情况下，其性能与 NIQE 类似。PIQE 估计逐块失真，并测量可感知失真块的局部方差，以计算质量分数

2.5.5　图像分割

图像分割是依据图像中像素的性质，将图像分割为多个组成部分或区域的过程。例如，根据像素值的不连续性变化确定边缘，或者根据颜色值不同，都可以将图像划分为若干区域。MATLAB 图像处理工具箱提供的图像分割函数名称及功能见表 2-18。

表 2-18　图像分割函数

函数名称	函数功能
activecontour	采用活动轮廓区域生长方法将图像分割为前景和背景
grabcut	采用基于图的迭代分割方法将图像分割为前景和背景
lazysnapping	采用基于图的分割方法将图像分割为前景和背景
imsegfmm	采用快速行进法(Fast Marching Method)分割图像
imseggeodesic	采用基于测地距离的颜色分割方法将图像分割为 2 个或 3 个区域
gradientweight	基于图像梯度计算像素的加权值
graydiffweight	基于灰度值差计算像素的加权值
adaptthresh	采用局部一阶统计计算自适应图像阈值
graythresh	采用 Otsu 方法计算图像全局阈值
multithresh	采用 Otsu 方法计算图像多级阈值

续表

函数名称	函数功能
otsuthresh	采用 Otsu 方法计算全局直方图阈值
Color Thresholder	彩色阈值分割工具
Image Segmenter	图像分割工具
grayconnected	采用 Flood-fill 技术选择具有相似灰度值的连续区域
watershed	分水岭变换
imsegkmeans	基于 K-均值聚类的图像分割
imsegkmeans3	基于 K-均值聚类的立体分割
superpixels	图像的二维超像素过分割
superpixels3	三维图像的三维超像素过分割

【例 2-9】　使用 Image Segmenter App 分割图像。从"应用程序（APPS）"选项卡的"图像处理和计算机视觉（IMAGE PROCESSING AND COMPUTER VISION）"下打开应用程序。然后，从"加载图像（LoadImage）"菜单中，选择工作空间变量的名称或包含图像的文件名称。加载图像后的 Image Segmenter 界面，如图 2-13（a）所示。单击"Threshold"图标，显示默认的手动阈值分割结果，如图 2-13（b）所示，此时阈值为 127.5，分割不完整。通过滑动滚动条或手动输入阈值，当阈值为 43 时，获得了完整的目标分割结果，如图 2-13（c）所示。还可以选择自适应阈值分割，如图 2-13（d）所示，显然结果不理想。在图 2-13（c）所示的分割结果基础上，单击"Create Mask"图标，生成掩膜图像，如图 2-13（e）所示。可以将生成的掩膜图像输出保存。除了阈值分割方法外，Image Segmenter App 还提供了图割（Graph Cut）、局部图割（Local Graph Cut）、自动聚类（Auto Cluster）、查找圆（Find Circles）等分割方法。

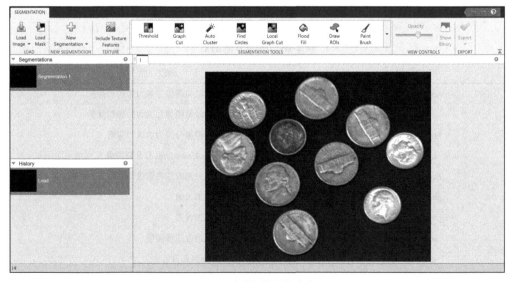

(a) 加载图像后的界面

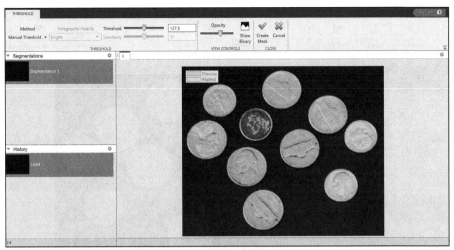

(b) 手动阈值分割(阈值为127.5)

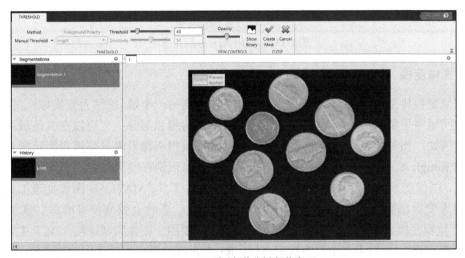

(c) 手动阈值分割(阈值为43)

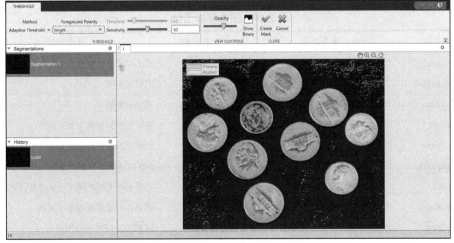

(d) 自动阈值分割

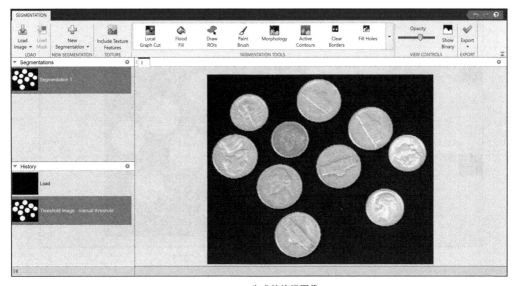

(e) 生成的掩膜图像

图 2-13 使用 App 分割图像

2.5.6 图像变换

图像变换将图像从一个域(通常为空间域)转换到另一个域(统称为变换域)。图像通常在空间域中采集和显示，其中相邻像素表示场景的相邻部分；也可以在其他域中获取图像，例如，相邻像素表示相邻频率分量的频域，或相邻像素表示邻近投影角度和径向距离的 Hough 域。在非空间域中查看和处理图像可以识别在空间域中不容易检测到的图像特征。图像变换是在变换域对图像进行分析的必备工具。MATLAB 图像处理工具箱提供的图像变换函数主要包括离散傅里叶变换(DFT)、离散余弦变换(DCT)、霍夫变换(HT)、拉顿变换(RT)和扇束变换(FBT)等。DFT 主要用于图像频域滤波，DCT 主要用于图像压缩，HT 主要用于在图像中检测直线。RT 在直线检测方面精度比 HT 更高，代价是计算时间更长。FBT 主要用于图像投影重建。图像变换相关函数的名称及功能见表 2-19。

表 2-19 图像变换函数

函数名称	函数功能	函数名称	函数功能
bwdist	二值图像距离变换	idct2	逆 2-D 离散余弦变换
bwdistgeodesic	二值图像测地距离变换	ifanbeam	逆扇束变换
graydist	灰度图像的灰度加权距离变换	iradon	逆拉顿变换
hough	Hough 变换	para2fan	将平行投影转换为扇束投影
houghlines	基于霍夫变换提取线段	radon	拉顿变换
houghpeaks	识别霍夫变换的峰值	fft2	2-D 快速离散傅里叶变换
dct2	2-D 离散余弦变换	fftshift	将傅里叶变换零频率分量移动到频谱中心
dctmtx	离散余弦变换矩阵	ifft2	逆 2-D 快速离散傅里叶变换
fan2para	将扇束投影转换为平行投影	ifftshift	逆 FFT 零频率中心平移
fanbeam	扇束投影变换		

2.6　彩　色　模　型

在 MATLAB 中颜色表示为红色、绿色和蓝色(RGB)数值。除了 RGB 模型外，还存在其他的彩色模型。这些彩色模型也称为彩色空间，因为它们可以映射到 2-D、3-D 或 4-D 坐标系统，这样一个颜色的参数就由 2-D、3-D 或 4-D 空间中的坐标组成。不同的彩色空间呈现颜色信息的方式可以使某些计算更方便，或者提供一种更直观地识别颜色的方法。例如，RGB 彩色空间将颜色定义为红色、绿色和蓝色混合在一起的百分比。其他彩色模型通过色调(颜色的深浅)、饱和度(灰度或纯色的量值)和发光亮度(强度或总体视亮度)来描述颜色。图像处理工具箱提供了彩色空间转换函数，这些函数的名称及功能见表 2-20。

表 2-20　彩色空间转换函数

函数名称	函数功能	函数名称	函数功能
rgb2lab	RGB 转换为 CIE 1976 L*a*b*	lab2uint8	L*a*b*转换为 uint8
rgb2ntsc	RGB 转换为 NTSC 彩色空间	xyz2double	XYZ 颜色值转换为双精度
rgb2xyz	RGB 转换为 CIE 1931 XYZ	xyz2uint16	XYZ 颜色值转换为 uint16
rgb2ycbcr	RGB 转换为 YCbCr 彩色空间	iccfind	查找 ICC 颜色特征化文件
lab2rgb	CIE 1976 L*a*b*转换为 RGB	iccread	读取 ICC 颜色特征化文件
lab2xyz	CIE 1976 L*a*b*转换为 CIE 1931 XYZ	iccroot	查找 ICC 特征化文件默认值
xyz2lab	CIE 1931 XYZ 转换为 CIE 1976 L*a*b*	iccwrite	写 ICC 特征化文件到磁盘文件
xyz2rgb	CIE 1931 XYZ 转换为 RGB	isicc	是否为 ICC 颜色特征化文件
ycbcr2rgb	YCbCr 转换为 RGB	makecform	创建颜色变换结构
ntsc2rgb	NTSC 彩色空间转换为 RGB	applycform	应用设备无关彩色空间变换
lab2double	L*a*b*转换为双精度	imapprox	用缩减颜色数逼近索引图像
lab2uint16	L*a*b*转换为 uint16	whitepoint	标准光源的 XYZ 颜色值

【**例 2-10**】　通过将图像转换为 HSV 彩色空间来调整彩色图像的饱和度，显示合成图像的单独 HSV 颜色平面(色调、饱和度和值)。

```
RGB = imread('peppers.png'); % 读入并显示图像
figure, imshow(RGB)
HSV = rgb2hsv(RGB); % 将图像从RGB空间转换到HSV空间
[h, s, v] = imsplit(HSV); % 将多通道HSV图像分量为h, s, v三个分量
figure,montage({h, s, v, HSV}) % 以蒙太奇方式显示h, s, v三个分量及合成的HSV
                              % 图像
saturationFactor = 2; % 设置饱和度因子为2
s_sat = s*saturationFactor; % 将饱和度增大2倍
HSV_sat = cat(3, h, s_sat, v); % 将三个分量重新组合成HSV图像
RGB_sat = hsv2rgb(HSV_sat); % 将HSV图像转换为RGB图像
```

```
figure, imshow(RGB_sat)
```

运行上述 MATLAB 代码，结果如图 2-14 所示。图 2-14(a) 为 RGB 图像，图 2-14(b) 为 HSV 图像及 h、s、v 三个分量图像，图 2-14(c) 为饱和度增大 2 倍后的 RGB 图像，可以看到，图像色彩比原图像更浓了。

图 2-14

(a) RGB 图像

(b) HSV 图像及三个分量图像

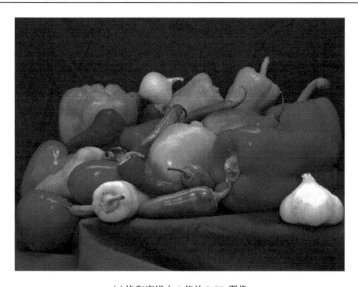

(c)饱和度增大 2 倍的 RGB 图像

图 2-14　彩色图像模型转换

第 3 章　图像增强实验——灰度变换与空间滤波

3.1　实　验　目　的

图像增强包括空间域增强和频域增强，本实验是对图像进行空间域增强。主要目的是学习和掌握空间域图像增强的原理和方法（包括灰度变换和空间滤波的方法）；熟悉MATLAB 编程技巧和常用的图像增强函数用法；学会根据实际应用中的图像增强需求，选择合适的图像增强方法，使增强图像达到预期效果。

3.2　实　验　原　理

空间域处理是直接对图像像素进行处理。图像增强的空间域方法主要有两种：灰度变换和空间滤波。灰度变换属于像素点处理，空间滤波属于像素邻域处理，也称为空间卷积。图像空间域处理可用式(3.1)表示：

$$g(x,y) = T[f(x,y)] \tag{3.1}$$

式中，$f(x,y)$ 为输入图像；$g(x,y)$ 为输出图像；T 为作用在输入图像 $f(x,y)$ 上的空间域处理算子，它定义在以点 (x,y) 为中心的邻域上，邻域形状一般为正方形或矩形。

3.2.1　图像灰度变换

空间域处理的最小邻域为 1×1，此时空间邻域处理称为灰度变换。设输入图像点 (x,y) 的灰度值为 r，输出图像点 (x,y) 的灰度值为 s，灰度变换函数为 T，则灰度变换可表示为

$$s = T(r) \tag{3.2}$$

灰度变换包括互补变换、对数变换、Gamma 变换、对比度扩展、比特平面切片、直方图均衡和直方图规定化等，变换曲线如图 3-1 所示。常用的灰度变换的定义如下。

(1) 灰度互补变换：$s = T(r) = L - 1 - r$，L 为输入图像灰度级。

(2) 灰度对数变换：$s = T(r) = c\log(1+r)$，c 为常数，通常 $c=1$（MATLAB 中，log 表示以 e 为底的对数）。

(3) 灰度 Gamma 变换：$s = T(r) = cr^{\gamma}$，c 为常数，通常 $c=1$。

(4) 对比度扩展变换：$s = T(r) = \dfrac{1}{1+(m/r)^{E}}$，$E$ 为控制变换函数斜率的常数，m 为变换曲线拐点灰度值。当 $r = m$ 时，$s = 0.5$。

(5) 比特平面切片变换：通过指定保留图像中每个像素灰度值的某一个二进制位，突

出其在图像灰度中的贡献大小。一个 8bit 灰度图像中每个像素由八位二进制表示，从最高位到最低位依次为 $b_7, b_6, b_5, b_4, b_3, b_2, b_1, b_0$。比特平面图像 $b_i, i = 0, 1, \cdots, 7$ 就是由所有像素的第 i 个比特位构成的灰度图像。

（6）直方图均衡：$s_k = T(r_k) = (L-1) \sum_{j=0}^{k} \frac{n_j}{n}$，$k = 0, 1, 2, \cdots, L-1$，$n_j$ 为灰度值为 j 的像素数目，n 为图像总的像素数目。

（7）直方图匹配（规定化）：已知输入图像和输出图像的归一化直方图（概率密度函数）分别为 $p_r(r)$ 和 $p_z(z)$，设法找到一个变换 H，存在逆变换 H^{-1}，使得输出图像灰度值为 $z = H^{-1}(s) = H^{-1}[T(r)]$。

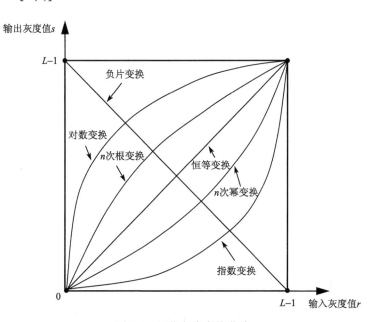

图 3-1　图像灰度变换曲线

3.2.2　图像空间滤波

空间滤波分为线性滤波和非线性滤波。

1. 线性空间滤波

输出图像每一个像素点的灰度值，等于输入图像相应像素点邻域像素灰度值的加权和，这称为图像线性空间滤波。加权系数就是滤波器系数，以矩阵形式排列，称为滤波器掩膜，也称为滤波器核、滤波器模板、滤波器窗口。线性空间滤波可以用卷积或相关运算实现，输出图像灰度值等于输入图像灰度值与滤波器模板的卷积或相关。设滤波器模板 w 大小为 $(2a+1) \times (2b+1)$，则有

$$g(x, y) = w(x, y) * f(x, y) = \sum_{s=-a}^{a} \sum_{t=-b}^{b} w(s, t) f(x-s, y-t) \tag{3.3}$$

$$g(x,y) = w(x,y) \circ f(x,y) = \sum_{s=-a}^{a} \sum_{t=-b}^{b} w(s,t) f(x+s, y+t) \tag{3.4}$$

式中，符号" $*$ "和" $\circ$ "分别代表卷积运算和相关运算。

线性空间滤波可分为平滑线性空间滤波和锐化线性空间滤波。例如，大小为 3×3 的平滑滤波器模板可以为

$$w_1 = \frac{1}{9} \begin{bmatrix} 1 & 1 & 1 \\ 1 & 1 & 1 \\ 1 & 1 & 1 \end{bmatrix}, \qquad w_2 = \frac{1}{16} \begin{bmatrix} 1 & 2 & 1 \\ 2 & 4 & 2 \\ 1 & 2 & 1 \end{bmatrix}$$

大小为 3×3 的锐化拉普拉斯滤波器模板可以为

$$w_3 = \begin{bmatrix} 0 & 1 & 0 \\ 1 & -4 & 1 \\ 0 & 1 & 0 \end{bmatrix}, \qquad w_4 = \begin{bmatrix} 1 & 1 & 1 \\ 1 & -8 & 1 \\ 1 & 1 & 1 \end{bmatrix}$$

2. 非线性空间滤波

图像处理中常用的非线性空间滤波器是秩统计滤波器（Order-statistic Filter/Rank Filter），它包括中值滤波器、最大值滤波器和最小值滤波器等。

3.3　相关的 MATLAB 函数

本节介绍在图像空间域增强中使用的函数，包括 MATLAB 软件平台自带的函数和自定义的函数。

3.3.1　灰度变换函数

灰度变换函数主要有两个：imadjust 和 intrans，灰度标定函数为 gscale。下面分别介绍其使用方法。

1. 灰度变换函数 imadjust

函数 imadjust 用于调整图像灰度值（Intensity Values）或颜色表（Colormap），其使用方法说明如下。

（1）g = imadjust(f)，将灰度图像 f 映射为输出图像 g，使图像 f 的低端和高端 1%数据饱和，增加图像对比度。它等效于 g = imadjust(f, stretchlim(f))，其中 stretchlim(f) 用于确定灰度变换的下限和上限。

（2）g = imadjust(f,[low_in; high_in],[low_out; high_out])，根据给定的输入灰度范围和输出灰度范围进行灰度变换。

（3）g = imadjust(f,[low_in; high_in],[low_out; high_out],gamma)，根据给定的输入灰度范围、输出灰度范围，以及映射曲线参数 gamma 进行灰度变换。

（4）newmap = imadjust(map,[low_in; high_in],[low_out; high_out],gamma)，对颜色映

射表 map 进行变换。

(5) RGB2 = imadjust(RGB1,[low_in; high_in],[low_out; high_out],gamma)，对彩色图像(按 R、G、B 三个颜色分量)进行灰度变换。

2. 自定义灰度变换函数 intrans

R. C. Gonzalez 等编写的灰度变换函数 intrans 可以实现对数变换和 gamma 变换等，其使用方法说明如下。

(1) g = intrans (f, 'neg')，计算输入图像 f 的负片图像(Negative)。

(2) g = intrans (f, 'log', C, Class)，计算 C*log(1 + f)，参数 C 为正的常数，默认值为 1。参数 Class 指定输出数据类型为 uint8 或 uint16，若省略，则输出图像与输入图像数据类型相同。

(3) g = intrans (f, 'gamma', GAM)，对输入图像 f 进行 Gamma 变换，GAM 为伽玛值。

(4) g = intrans (f, 'stretch', M, E)，计算对比度扩展变换(Contrast-stretching Transformation)，表达式为 1./(1+(M./f).^E)。参数 M 必须在[0, 1]范围内，其默认值为 mean2 (im2double(f))，也就是图像灰度值的均值，参数 E 的默认值是 4。

(5) g = intrans (f, 'specified', TXFUN)，计算灰度变换 s = TXFUN(r)，TXFUN 为灰度变换(映射)函数，表示为向量形式，其元素值在[0, 1]内，并且至少需要有 2 个值。

对于变换类型参数为'neg', 'gamma', 'stretch' and 'specified'的变换，如果浮点输入图像的灰度值在[0, 1]之外，须用 mat2gray 进行尺度伸缩。类型参数为'log'的变换，浮点输入图像不需要尺度伸缩。

在应用上述函数进行灰度变换前，须将图像数据格式转换为浮点数，用定制函数 tofloat 实现，该函数输出参数中，g 为转换为浮点格式的图像数据，revertclass 为函数句柄。也可以用 MATLAB 函数 im2double 实现转换。

3. 自定义灰度标定函数 gscale

经过灰度变换或滤波的图像，其像素值可能为负值，或超出其数据类型所能表示的范围。例如，数据格式为 unint8 的灰度图像，经过灰度变换或滤波后有的像素值可能超过[0, 255]。为了正常显示处理后的图像，需要对图像进行灰度标定(Intensity Scaling)，可用定制函数 gscale 实现。

(1) g = gscale (f, 'full8')，将图像 f 的灰度值伸缩到全 8-bit 灰度范围[0, 255]。

(2) g = gscale (f, 'full16')，将图像 f 的灰度值伸缩到全 16-bit 灰度范围[0, 65535]。

(3) g = gscale (f, 'minmax', LOW, HIGH)，将图像 f 的灰度值伸缩到[LOW, HIGH]范围内。LOW、HIGH 的值必须在[0, 1]内，不管输入图像是何种数据类型。

3.3.2　直方图处理函数

1. 直方图产生与绘制函数 imhist

函数 imhist 用于绘制灰度图像的直方图，并返回直方图向量，其使用方法说明如下。

（1）imhist（f），绘制图像 f 的直方图，直方图中的直条数目由图像灰度级决定。

（2）imhist（f,n），根据 n 指定的直方图直条数目，绘制图像 f 的直方图。

（3）imhist（X,map），绘制索引图像 X 的直方图。

（4）[counts,binLocations] = imhist（f），返回图像 f 的直方图直条数目及位置。

2. 直方图均衡函数 histeq

函数 histeq 用于图像直方图均衡处理，其使用方法说明如下。

（1）g = histeq（f,hgram），根据指定的直方图对图像 f 进行直方图变换。

（2）g = histeq（f,n），按照指定的直方图直条数目 n 进行直方图均衡。

（3）[g, t] = histeq（f），获取直方图均衡处理的图像 g 及相应的灰度变换 t。

（4）newmap = histeq（X, map, hgram），对索引图像 X 的颜色映射表进行变换，使其直方图接近 hgram。

（5）newmap = histeq（X, map），对索引图像 X 的颜色映射表进行变换，使其直方图变为平坦。

3. 对比度受限的自适应直方图均衡函数 adapthisteq

函数 adapthisteq 对图像进行对比度受限的自适应直方图均衡（Contrast Limited Adaptive Histogram Equalization，CLAHE），其使用方法说明如下。

（1）g = adapthisteq（f），采用对比度受限的自适应直方图均衡方法进行对比度增强。

（2）g = adapthisteq（f,param1,val1,param2,val2,…），根据指定的参数对进行自适应直方图均衡。参数名称及取值见表 3-1。

表 3-1　自适应直方图均衡函数参数及取值

参数名称	参数取值
'NumTiles'	取值[M N]是由正整数构成的二元矢量，指明划分图像块的数目。M 和 N 最小值为 2，图像块的总数等于 M×N。默认值为[8 8]
'ClipLimit'	在[0, 1]之间的实数，指定对比度增强的上限，值越大，对比度越强。默认值为 0.01
'NBins'	取正整数，指定直方图直条数目，以确定对比度增强变换。取值越大，动态范围越大，但处理速度越慢。默认值为 256
'Range'	指定输出图像动态范围的字符串。取值'original'表示动态范围与原图像相同；取值'full'表示动态范围取输出图像数据类型的最大范围，例如，uint8 数据的动态范围[0, 255]
'Distribution'	指定图像块直方图期望形状的字符串。'uniform'为扁平直方图, 'rayleigh'为钟形直方图, 'exponential'为曲线型直方图。默认值为'uniform'
'Alpha'	非负实数，当参数'Distribution'取值为'rayleigh'或'exponential'时的分布参数。默认值为 0.4

3.3.3　空间滤波函数

MATLAB 图像处理工具箱中的空间滤波器有线性滤波器和非线性滤波器两类。线性滤波器又分为一般线性滤波器和标准线性滤波器。非线性滤波器也可分为一般非线性滤波器和标准非线性滤波器。

1. 一般线性滤波函数 imfilter

函数 imfilter 用于对图像进行线性滤波，滤波器可由 fspecial 函数生成或由用户自行定义，其使用方法说明如下。

(1) g = imfilter(f, h)，采用滤波器 h 对图像 f 进行滤波，输出图像 g 与输入图像 f 大小相同。

(2) g = imfilter(f, h, filtering_mode, boundary_options, size_options)，根据指定的参数，采用滤波器 h 对图像 f 进行滤波。三个可选的参数描述见表 3-2。

表 3-2　函数 imfilter 可选参数

可选参数	参数取值	功能描述
滤波模式 filtering_mode	'corr'	采用相关实现滤波
	'conv'	采用卷积实现滤波
边界处理方式 boundary_options	X	通过填充值 X 扩展输入图像边界。默认值为 0
	'replicate'	通过复制图像最外层的值扩展输入图像边界
	'symmetric'	通过对图像镜像反射实现边界扩展
	'circular'	通过把图像看作 2-D 周期函数的一个周期来实现图像边界扩展
输出图像大小 size_options	'full'	输出图像大小与扩展后的图像相同
	'same'	输出图像大小与输入图像相同。这是默认值

2. 标准线性滤波器生成函数 fspecial

函数 fspecial 用于生成常用的线性滤波器，这些滤波器可与 imfilter 配合使用，其使用方法说明如下。

h = fspecial(type, parameters)，根据预定的滤波器类型和参数生成标准滤波器。fspecial 返回相关滤波器核或模板 h，适用于滤波函数 imfilter。fspecial 生成的标准滤波器类型见表 3-3。

表 3-3　fspecial 函数支持的滤波器类型

type 取值(字符串)	paramters 取值	滤波器类型
average	[r c]，默认值为[3 3]	生成大小为 r×c 矩形平均滤波器
disk	r，默认值为 5	生成半径为 r 的圆形平均滤波器
gaussian	[r c], sig，默认值为[3 3], 0.5	生成大小为 r×c，标准偏差为 sig 的高斯低通滤波器
laplacian	alpha，取值范围为[0, 1]，默认值为 0.2	生成形状控制参数为 alpha 的拉普拉斯滤波器
log	[r c], sig，默认值为[5 5], 0.5	生成大小为 r×c，标准偏差为 sig 的高斯拉普拉斯(LoG)滤波器
motion	len, theta	生成一个与图像进行卷积滤波时类似线性运动的滤波器，运动距离为 len 个像素，运动方向为 theta

续表

type 取值(字符串)	paramters 取值	滤波器类型
prewitt	无	生成一个 3×3 的 Prewitt 滤波器 wv, 近似垂直方向梯度。若要计算水平方向梯度滤波器模板 wh, 则进行转置运算即可, 即 wh = wv'
sobel	无	生成 3×3 的 Sobel 滤波器 sv, 近似垂直方向梯度。若要计算水平方向梯度滤波器模板 sh, 则进行转置运算即可, 即 sh = sv'
unsharp	alpha, 取值范围为[0, 1], 默认值为 0.2	生成 3×3 逆锐化滤波器。alpha 用于控制滤波器形状

另外, 还有一个专用高斯滤波函数 imgaussfilt, 其使用方法如下。

g = imgaussfilt (f, sig), 标准偏差 sig 默认值为 0.5。

3. 一般非线性滤波函数

图像处理工具箱中的一般非线性滤波函数有两个。nlfilt 直接对 2-D 图像进行滤波, 占用内存小, 但速度较慢。colfilt 则先将图像数据重新排成列向量形式, 然后再进行滤波, 占用内存较多, 但速度比 nlfilt 快, 其使用方法说明如下。

g = nlfilter (f, [m n], fun)

g = colfilt (f, [m n], 'sliding', fun)

其中, fun 必须是函数句柄, 滤波函数对 f 中的每个像素调用一次 fun。

4. 标准非线性滤波器函数

MATLAB 图像处理工具箱中的标准非线性滤波器函数包括 2-D 秩统计滤波器 ordfilt2 和 2-D 中值滤波器 medfilt2, 它们的使用方法说明如下。

g = ordfilt2 (f, order, domain), 用邻域排序中第 order 个元素值取代 f 中的每个像素。Domain 为一个由 0 和 1 组成的 m×n 矩阵, 邻域中与 domain 中 0 元素对应位置上的像素不参加排序。当 domian 元素都为 1 时, order = 1 是最小滤波器, order = m×n 是最大滤波器, order =(m×n+1)/2 则为中值滤波器。

中值滤波器在图像处理中非常有用, 图像处理工具箱中有一个专用的中值滤波函数。其使用方法如下。

g = medfilt2 (f, [m n])

3.4 实 验 举 例

本节介绍空间域图像增强的几个例子。

【例 3-1】 采用灰度变换进行图像增强。图 3-2 (a) 是一幅"超级"月亮图像, 对比度不佳, 图像偏亮。用灰度变换方法对其进行对比度增强处理。

```
f = imread('图3-2(a).jpg'); % 读入RGB格式的图像
g = imadjust(f, [0.20.9], [0, 1]); % 对图像进行灰度扩展
```

```
figure(1), imshow(f), title('"超级"月亮图像')
figure(2), imhist(f), title('"超级"月亮图像灰度直方图')
figure(3), imshow(g), title('经灰度扩展后的"超级"月亮图像')
figure(4), imhist(g), title('经灰度扩展的"超级"月亮图像灰度直方图')
```

在 MATLAB 命令窗口"Command Window"执行上述代码，结果如图 3-2 所示。图 3-2(a)为"超级"月亮灰度图像，图 3-2(b)为其灰度直方图，图 3-2(c)为经灰度扩展后的图像，图 3-2(d)为相应的灰度直方图。由图 3-2 可以看出，经过灰度扩展，图像的对比度得到增强，其直方图分布为[0 255]。

(a) "超级"月亮图像

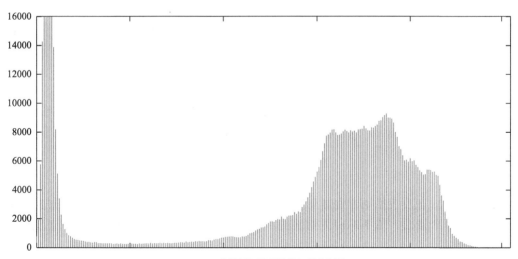

(b) "超级"月亮图像灰度直方图

(c)经灰度扩展后的"超级"月亮图像

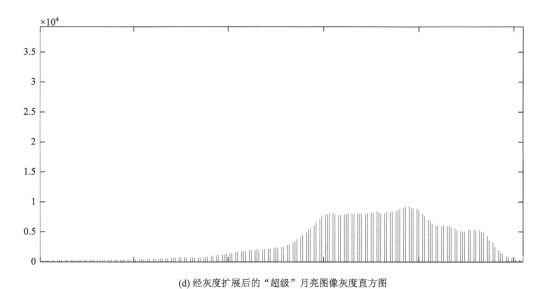

(d)经灰度扩展后的"超级"月亮图像灰度直方图

图 3-2　灰度扩展实验结果

【例 3-2】　灰度变换用于医学影像增强。图 3-3(a)为某病人腰椎及腰大肌磁共振成像(MRI)的一个截面。图 3-3(b)为对应的灰度直方图。试按指定的灰度值范围对图像进行灰度调整。

```
f = imread('图3-3(a).jpg');
f1 = imadjust(rgb2gray(f)); % 将RGB图像转换为灰度图像
```

```
g = imadjust(f1, [0 0.8], [0 1]); % 进行图像灰度调整
figure(1), imshow(f), title('腰椎与腰大肌MRI图像')
figure(2), imhist(f), title('腰椎与腰大肌MRI图像的灰度直方图')
figure(3), imshow(g), title('灰度调整后的腰椎与腰大肌MRI图像')
figure(4), imhist(g), title('灰度调整后腰椎与腰大肌MRI图像的灰度直方图')
```

运行上述 MATLAB 代码，结果如图 3-3 所示。可以看出，腰椎与腰大肌的 MRI 图像偏暗，经过灰度值调整后，输出图像较为明亮，对比度有所增加。

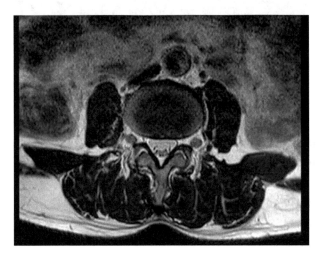

(a)腰椎与腰大肌 MRI 图像

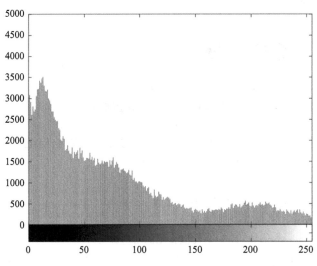

(b)腰椎与腰大肌MRI图像的灰度直方图

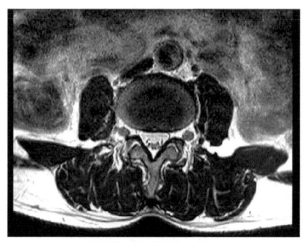

(c)灰度调整后的腰椎与腰大肌 MRI 图像

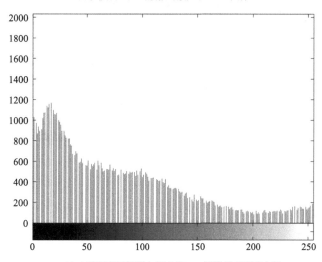

(d) 灰度调整后腰椎与腰大肌MRI图像的灰度直方图

图 3-3　灰度调整实验结果

【例 3-3】　使用灰度值映射、直方图均衡和对比度受限的自适应直方图均衡方法增强灰度图像的对比度，对比三种方法的增强效果。

```matlab
f = imread('tire.tif'); % 读入图像
f_adj = imadjust(f); % 灰度值映射增强
f_heq = histeq(f); % 直方图均衡
f_aeq = adapthisteq(f); % 对比度受限的自适应直方图均衡
figure, montage({f, f_adj, f_heq, f_aeq}, 'size', [22]) % 以蒙太奇方式显示增
                                                        % 强图像
```

运行上述 MATLAB 代码，结果如图 3-4 所示。图 3-4(a)为轮胎图像和用上述三种方法增强的图像，从左到右依次为轮胎图像、灰度值映射增强图像、直方图均衡的图像、对比度受限的自适应直方图均衡图像。图 3-4(b)～(e)分别为对应图像的直方图。注意到，灰度值映射对轮胎图像几乎没有影响，因为图像的直方图显示，灰度值已经分布在最小

值 0 和最大值 255 之间，从而使灰度值映射在调整图像的对比度时无效。直方图均衡会显著改变图像，许多以前隐藏的特征都显露出来了，尤其是轮胎上的碎屑颗粒。遗憾的是，直方图均衡使图像的几个区域过度饱和，轮胎中心的一部分被洗白了。针对轮胎图像，车轮中心最好保持在大约相同的亮度，同时增强图像其他区域的对比度。为此，必须对图像的不同部分应用不同的变换，adapthisteq 函数可以实现这一点。

(a) 轮胎图像及增强图像

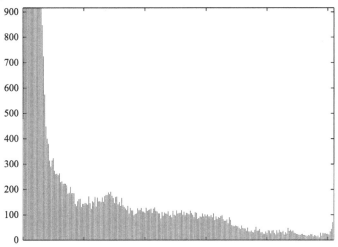

(b) 轮胎图像的直方图

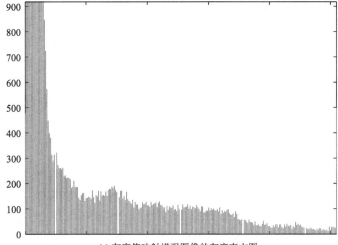

(c) 灰度值映射增强图像的灰度直方图

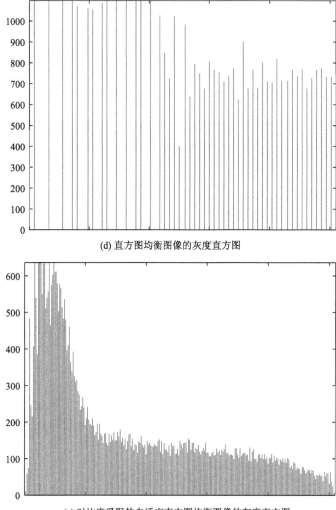

(d) 直方图均衡图像的灰度直方图

(e) 对比度受限的自适应直方图均衡图像的灰度直方图

图 3-4 图像对比度增强方法效果对比

【例 3-4】 空间域图像平滑滤波。读入图像,首先给图像加入均值为 0、方差为 0.01 的高斯噪声,然后生成 3×3 的平滑滤波器 h,最后用 imfilter 对图像进行平滑滤波。

```
f = imread('图3-5(a).jpg');
g1 = imnoise(f, 'gaussian', 0, 0.01); % 给图像加入高斯噪声
h = ones(3,3)/9; % 生成平滑滤波器
g2 = imfilter(g1, h); % 对带噪声的图像进行滤波
subplot(1, 3, 1), imshow(f), title('牡丹花图像')
subplot(1, 3, 2), imshow(g1), title('加入噪声后的图像')
subplot(1, 3, 3), imshow(g2), title('经平滑滤波后的图像')
```

运行上述 MATLAB 代码,结果如图 3-5 所示。图 3-5(a)为牡丹花图像,图 3-5(b) 为加入均值为 0、方差为 0.01 的高斯噪声后的图像,图 3-5(c)为经平滑滤波器后的图像。由图可见,平滑滤波可以较好地滤除高斯噪声。

(a)牡丹花图像　　　　　　　(b)加入噪声后的图像　　　　　　(c) 经平滑滤波后的图像

图 3-5　图像平滑滤波

【例 3-5】　　用 fspecial 生成近似线性运动的滤波器，用 imfilter 滤波产生具有相机运动模糊效果的图像。

```
f = imread('图3-6(a).jpg');
h1 = fspecial('motion', 25, 0);
h2 = fspecial('motion', 35, 45);
h3 = fspecial('motion', 45, 90);
g1 = imfilter(f, h1);
g2 = imfilter(f, h2);
g3 = imfilter(f, h3);
figure(1), imshow(f), title('海鸥飞翔图像')
figure(2), imshow(g1), title('沿0°方向移动25个像素的图像')
figure(3), imshow(g2), title('沿45°方向移动35个像素的图像')
figure(4), imshow(g3), title('沿90°方向移动45个像素的图像')
```

运行上述 MATLAB 代码，结果如图 3-6 所示。由图可见，motion 滤波器实现了 0°、45° 和 90° 三个方向的运动模糊，随着移动距离（像素数目）增加，模糊程度加剧。

(a)海鸥飞翔图像

(b)沿 0°方向移动 25 个像素的图像

(c)沿 45°方向移动 35 个像素的图像

(d)沿 90°方向移动 45 个像素的图像

图 3-6　通过滤波模拟运动模糊图像

习　题

3-1　对数变换与 gamma 变换实验。

图题 3-1 为"超级"月亮背面图像。请编写 MATLAB 代码，用 intrans 函数实现对图像进行对数变换和 gamma 变换，gamma 参数取小于 1、等于 1 和大于 1 的三个不同的值。对比变换图像、原图像，以及它们的灰度直方图，请分析对数变换和不同参数 gamma 变换的效果。

图题 3-1　"超级"月亮背面图像

3-2　直方图均衡与对比度受限的自适应直方图均衡实验。

图题 3-2 为 MATLAB 软件平台采用的测试图像 Mandi，原文件名为 mandi.tif。请编

图题 3-2　MATLAB 测试图像 Mandi

写 MATLAB 代码，分别用 histeq 和 adapthisteq 两个函数对图像进行直方图均衡和对比度受限的自适应直方图均衡。对比直方图均衡的图像、原图像，以及它们的灰度直方图，请分析两种直方图均衡方法的效果。

3-3　Laplacian 滤波与 unsharp 滤波实验。

请编写 MATLAB 代码，用 fspecial 生成 Laplacian 和 unsharp 滤波器，用 imfilter 函数对图题 3-1 的"超级"月亮背面图像进行 Laplacian 滤波和 unsharp 滤波，实现 unsharp 图像增强和 Laplacian 图像增强 $g(x, y) = f(x, y) + c[\nabla^2 f(x, y)]$。注意，当 Laplacian 模板中心系数为负值时，c 应取值为–1，否则取值为 1。通过对比分析实验结果，Laplacian 滤波和 unsharp 滤波哪种方法效果更好？

3-4　2-D 高斯滤波实验。

图题 3-4 为一只海鸥的图像。请编写 MATLAB 代码，用 imnoise 函数给该图像叠加均值为 0，方差为 0.02 的高斯白噪声，完成下面的实验。

（1）用 fspecial 生成滤波模板大小分别为 3×3、5×5、7×7 的高斯滤波器，每个模板对应 4 个标准偏差 0.2、0.5、1、2，用 imfilter 对含噪声图像进行高斯滤波。对比分析高斯滤波器模板大小、标准偏差大小对滤波结果的影响。

（2）用 imgaussfilt 对含噪声的图像进行高斯滤波。imgaussfilt 只能进行 3×3 高斯滤波，标准偏差分别取 0.2、0.5、1、2，对比分析标准偏差对滤波结果的影响，并与前述结果进行比较。

图题 3-4　海鸥图像

3-5　2-D 秩统计滤波器实验。

图题 3-5 为金沙江（虎跳峡）上连接香格里拉和丽江的高速公路及铁路桥图像。请编写 MATLAB 代码，用 imnoise 函数对图像叠加椒盐噪声，噪声密度为 0.02。

（1）将秩统计滤波函数 ordfilt2 分别设置为最小值滤波、最大值滤波和中值滤波，对含有椒盐噪声的图像进行滤波，观察实验结果，分析三种滤波器的功能。

（2）采用专用中值滤波函数 medfilt2 对含有椒盐噪声的图像进行滤波，并与前述中值滤波结果进行比较。

图题 3-5　金沙江上的高速公路和铁路桥图像

3-6　比特平面切片变换实验。

图题 3-6 为位于云南大学东陆校区的会泽院图像。2019 年 10 月 7 日，会泽院作为近现代重要史迹及代表性建筑被列为第八批全国重点文物保护单位。请编写 MATLAB 代码，利用位"与"函数 bitand，分别提取该图像中每个像素的八个比特位，产生并显示八幅比特平面灰度图像。分析实验结果，灰度图像中哪些二进制位对图像灰度值贡献大。

图题 3-6　会泽院图像

第4章 图像增强实验——频域滤波

4.1 实　验　目　的

本章实验是采用频域滤波器方法对图像进行频域增强。主要目的是学习并掌握频域图像增强的原理和方法；学习 MATLAB 编程技巧和常用的图像增强函数用法；学会根据实际应用中的图像增强需求，选择合适的滤波器传输函数，通过频域滤波，使图像达到预期的增强效果。

4.2 频域滤波基础

4.2.1 二维离散傅里叶变换

傅里叶变换是线性滤波的基础。二维离散傅里叶变换为图像增强、图像复原、图像压缩等方面的滤波设计与实现提供灵活的解决方案。大小为 $M×N$ 的数字图像 $f(x, y)$，其二维离散傅里叶变换定义为

$$F(u,v) = \sum_{x=0}^{M-1} \sum_{y=0}^{N-1} f(x,y) e^{-j2\pi(ux/M+vy/N)} \tag{4.1}$$

式中，$u = 0, 1, 2, \cdots, M–1$; $v = 0, 1, 2, \cdots, N–1$ 确定了大小为 $M×N$ 的频率矩形区域，每个频率点 (u, v) 的值为 $F(u, v)$，频域原点的值 $F(0, 0)$ 称为直流分量。由于图像 $f(x, y)$ 是实数，故离散傅里叶变换 $F(u, v)$ 通常为复数。用 $R(u, v)$ 表示实部，$I(u, v)$ 表示虚部，即 $F(u, v) = R(u, v)+jI(u, v)$，则 $F(u, v)$ 的幅度为

$$\left| F(u,v) \right| = \left[R^2(u,v) + I^2(u,v) \right]^{\frac{1}{2}} \tag{4.2}$$

称为傅里叶谱。功率谱则定义为傅里叶谱的平方，即

$$P(u,v) = \left| F(u,v) \right|^2 = R^2(u,v) + I^2(u,v) \tag{4.3}$$

$F(u, v)$ 的相位角定义为

$$\phi(u,v) = \arctan\left[\frac{I(u,v)}{R(u,v)} \right] \tag{4.4}$$

傅里叶变换 $F(u, v)$ 也可以表示为极坐标的形式

$$F(u,v) = \left| F(u,v) \right| e^{j\phi(u,v)} \tag{4.5}$$

可以证明，二维离散傅里叶变换 $F(u, v)$ 关于原点共轭对称，傅里叶谱 $|F(u, v)|$ 则关于原点对称，即

$$F(u,v) = F^*(-u,-v) \tag{4.6}$$

$$|F(u,v)| = |F(-u,-v)| \tag{4.7}$$

二维离散傅里叶逆变换（IDFT）定义为

$$f(x,y) = \sum_{u=0}^{M-1}\sum_{v=0}^{N-1} F(u,v)\mathrm{e}^{\mathrm{j}2\pi(ux/M+vy/N)} \tag{4.8}$$

可以证明，二维傅里叶变换及逆变换都具有周期性，即

$$F(u,v) = F(u+k_1M,v) = F(u,v+k_2N) = F(u+k_1M,v+k_2N) \tag{4.9}$$

$$f(x,y) = f(x+k_1M,y) = f(x,y+k_2N) = f(x+k_1M,y+k_2N) \tag{4.10}$$

式中，k_1 和 k_2 为整数；$F(u,v)$ 在频域上 u 和 v 方向的周期分别为 M 和 N。

周期性是傅里叶变换计算中必须考虑的重要问题。由 $F(u,v)=F(u+k_1M,v+k_2N)$ 可知，$|F(u,v)| = |F(u+k_1M,v+k_2N)|$。

对称性表明，傅里叶谱 $|F(u,v)|$ 的中心在原点，从 $-M/2$ 到 $M/2-1$，$-N/2$ 到 $N/2-1$，$|F(u,v)|$ 是一个完整的周期。二维离散傅里叶变换计算的是 $u=0,1,2,\cdots,M-1,v=0,1,2,\cdots,N-1$ 范围的值，它由 4 个背靠背的半周期组成。为了使 $|F(u,v)|$ 在此范围构成一个完整的周期，需要进行频域平移 $|F(u-M/2,v-N/2)|$。

理论上，用空间域图像 $f(x,y)$ 先乘以 $(-1)^{x+y}$ 得到 $f(x,y)(-1)^{x+y}$，然后再进行二维离散傅里叶变换，可以实现频域的平移。在 MATLAB 中，则是先用二维的快速傅里叶变换函数 fft2 计算图像 $f(x,y)$ 的二维离散傅里叶变换 $F(u,v)$，然后用 fftshift 函数实现频域平移 $F(u-M/2,v-N/2)$。

4.2.2　频域滤波

对于线性滤波，卷积定理建立了空间域与频域滤波之间的联系。用线性滤波器 $h(x,y)$ 对输入图像 $f(x,y)$ 进行滤波，输出图像 $g(x,y)$ 可以用卷积计算为

$$g(x,y) = f(x,y)*h(x,y) \tag{4.11}$$

式中，*表示卷积运算。根据卷积定理，式（4.11）对应的频域表达式为

$$G(u,v) = F(u,v)H(u,v) \tag{4.12}$$

式中，$G(u,v)$、$F(u,v)$、$H(u,v)$ 分别为 $g(x,y)$、$f(x,y)$、$h(x,y)$ 的二维傅里叶变换。$H(u,v)$ 也称为线性滤波器的传输函数。

理论上，由于在计算二维离散傅里叶变换时，图像 $f(x,y)$ 及其变换 $F(u,v)$ 都是周期的，$H(u,v)$ 也是周期的，因此，用二维离散傅里叶变换计算的卷积为圆周卷积（Circular Convolution）。周期函数卷积可能产生混叠，为了避免混叠，须对图像 $f(x,y)$ 和滤波器模板 $h(x,y)$ 进行 0 填充，将它们扩展为同样大小。若图像大小为 $M\times N$，滤波器模板大小为 $C\times D$，则图像和滤波器模板扩展后的大小 $P\times Q$，其中 $P\geqslant M+C-1$，$Q\geqslant N+D-1$。在使用 MATLAB 计算图像的频域滤波时，并不需要先对输入图像进行扩充，而是以 $P\times Q$ 大小直接计算输入图像的二维离散傅里叶变换。

采用二维傅里叶变换进行频域滤波的基本步骤可归纳如下。

（1）将输入图像数据格式转换为浮点数格式。可用 im2double、im2single、tofloat 实

现。

(2)计算扩展大小参数 P 和 Q：P =2×M，Q =2× N。

(3)以扩展大小计算图像二维离散傅里叶变换：F=fft2 (f, P, Q)。

(4)产生大小为 P×Q 的滤波器传输函数 H。注意 H 的零频率点不能位于频率矩形的中心。

(5)用滤波器传输函数 H 乘以图像的傅里叶变换：G=H.*F。

(6)计算 G 的二维离散傅里叶逆变换：g =ifft2（G）；

(7)从 g 的左上角开始截取与原图像大小相同的图像,并转换为与输入图像相同的数据格式: g1=g(1:M, 1:N), g2=uint8(g1)。g2 即为经过频域滤波后的图像。

4.2.3　频域低通滤波

图像中的边缘和其他尖锐的灰度值变化(如噪声)对其傅里叶变换的高频成分有重要的贡献。因此，在频域内通过高频衰减，也就是低通滤波，可实现图像平滑。考虑三种类型的低通滤波器：理想低通滤波器(ILPF)、高斯低通滤波器(GLPF)和巴特沃斯低通滤波器(BLPF)。这三种类型的低通滤波器涵盖了从非常尖锐(理想)到非常平滑(高斯)滤波的范围。其中，巴特沃斯滤波器的形状由其阶数控制。若阶数较高，则巴特沃斯滤波器接近理想滤波器。若阶数较低，则巴特沃斯滤波器更像是一个高斯滤波器。

理想低通滤波器保留原点半径内的所有频率成分，并"切断"半径以外的所有频率成分。理想低通滤波器的传输函数(图 4-1 (a))定义为

$$H_{\mathrm{ILP}}(u,v) = \begin{cases} 1 & (D(u,v) \leqslant D_0) \\ 0 & (D(u,v) > D_0) \end{cases} \tag{4.13}$$

式中，D_0 为一个正常数，称为截止频率；$D(u,v)$ 为频域内点 (u,v) 到频域矩形中心点的距离，即

$$D(u,v) = \left[(u - P/2)^2 + (v - Q/2)^2 \right]^{1/2} \tag{4.14}$$

高斯低通滤波器的传输函数(图 4-1 (b))定义为

$$H_{\mathrm{GLP}}(u,v) = \mathrm{e}^{-D^2(u,v)/(2D_0^2)} \tag{4.15}$$

巴特沃斯低通滤波器的传输函数定义(图 4-1 (c))为

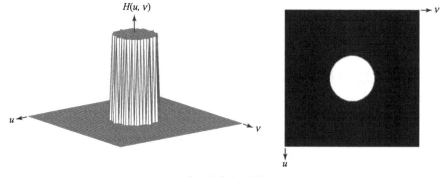

(a) 理想低通滤波器传输函数

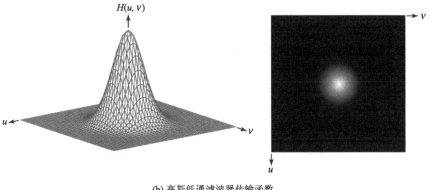

(b) 高斯低通滤波器传输函数

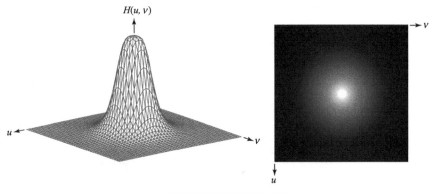

(c) 巴特沃斯低通滤波器传输函数

图 4-1　低通滤波器传输函数透视图和图像

$$H_{BLP}(u,v) = \frac{1}{1 + \left[D(u,v) / D_0 \right]^{2n}} \tag{4.16}$$

式中，n 为巴特沃斯滤波器的阶数。

4.2.4　频域高通滤波

一个图像可以通过衰减其傅里叶变换的高频分量来实现平滑处理。由于边缘和其他灰度值突变与高频分量有关，因此在频域内可以通过高通滤波实现图像锐化，在不干扰傅里叶变换中的高频的情况下衰减低频分量。高通滤波器的传输函数可用 1 减去相应的低通滤波器传输函数得到，即 $H_{HP}(u, v) = 1 - H_{LP}(u, v)$。由此可得理想高通滤波器、高斯高通滤波器和巴特沃斯高通滤波器的传输函数分别为

$$H_{IHP}(u,v) = \begin{cases} 0 & (D(u,v) \leqslant D_0) \\ 1 & (D(u,v) > D_0) \end{cases} \tag{4.17}$$

$$H_{GHP}(u,v) = 1 - e^{-D^2(u,v)/(2D_0^2)} \tag{4.18}$$

$$H_{BHP}(u,v) = \frac{1}{1 + \left[D_0 / D(u,v) \right]^{2n}} \tag{4.19}$$

式中，D_0 为高通滤波器的截止频率；n 为巴特沃斯高通滤波器的阶数。高通滤波器传输函数的透视图和图像，如图 4-2 所示。

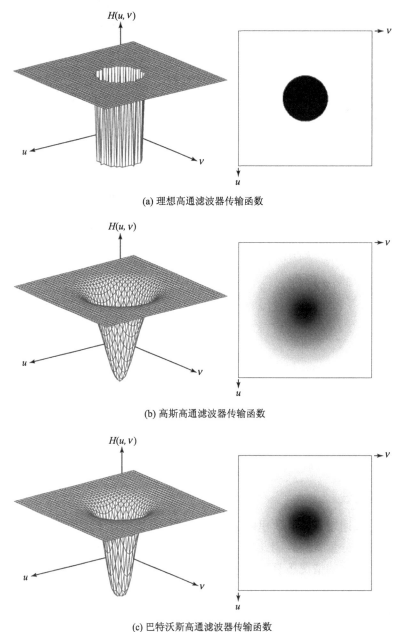

(a) 理想高通滤波器传输函数

(b) 高斯高通滤波器传输函数

(c) 巴特沃斯高通滤波器传输函数

图 4-2　高通滤波器的传输函数透视图和图像

4.2.5　高频强调滤波

高通滤波器将直流分量衰减到 0，从而将图像的平均值减小到 0。用于补偿这种情况的方法是向高通滤波器添加偏移。当高通滤波器的传输函数乘以一个大于 1 的常数 k_2 再加上偏移 k_1 时,可得高频强调滤波器(High-Frequency-Emphasis Filter, HFEF)的传输函数。乘法器系数 k_2 突出了高频,当然也会增加低频的幅度,但若偏移 k_1 与乘法器系数 k_2 相比较小,则低频对增强的影响小于高频的影响。高频强调滤波器的传输函数表示为

$$H_{\text{HFEF}}(u,v) = k_1 + k_2 H_{\text{HP}}(u,v) \quad (k_2 > 1, k_1 < k_2) \tag{4.20}$$

4.3　相关的 MATLAB 函数

图像处理工具箱支持二维有限冲激响应(FIR)滤波器。FIR 滤波器对单个点或脉冲响应值是有限的。图像处理工具箱所有滤波器设计函数都返回 FIR 滤波器。FIR 滤波器具有几个特性,是 MATLAB 环境中图像处理的理想选择,它的特性有:FIR 滤波器易于表示为系数矩阵;二维 FIR 滤波器是一维 FIR 滤波器的自然扩展;FIR 滤波器有可靠的设计方法;FIR 滤波器易于实现;FIR 滤波器可以设计成具有线性相位,这有助于防止失真。无限冲激响应(IIR)滤波器并不适合图像处理应用,它缺乏 FIR 滤波器的固有稳定性和易于设计和实现。因此,工具箱不支持 IIR 滤波器。

频域滤波相关的 MATLAB 函数主要包括 fft2、ifft2、fftshift、ifftshift、padarray、freqz2、fsamp2、ftrans2、fwind1、fwind2、filter2 等,下面介绍它们的使用方法。

1. 二维快速离散傅里叶变换函数 fft2

函数 fft2 用于快速计算矩阵或图像的 2D 傅里叶变换,其使用方法说明如下。

(1) F = fft2(f),用快速傅里叶变换(FFT)算法计算矩阵 f 的二维离散傅里叶变换,F 的大小与 f 相同。若 f 的维数超过 2,则计算每个高维矩阵片的离散傅里叶变换。

(2) F = fft2(f, m, n),对 f 进行截断或填充 0 到 m×n 大小,然后再计算它的离散傅里叶变换,F 的大小为 m×n。

2. 二维快速离散傅里叶逆变换函数 ifft2

函数 ifft2 用于计算 2D 傅里叶变换的逆变换,其使用方法说明如下。

(1) f = ifft2(F),用快速傅里叶变换算法计算矩阵 F 的二维离散傅里叶逆变换,f 的大小与 F 相同。

(2) f = ifft2(F, m, n),用快速傅里叶变换算法计算矩阵 F 的二维离散傅里叶逆变换,f 的大小为 m×n。

(3) f = ifft2(F, 'symmetric'),当矩阵 F 应为共轭对称,但计算 F 时截断误差导致非共轭对称时,可用参数 symmetric 使得二维离散傅里叶逆变换的计算按照 F 共轭对称进行。

将离散傅里叶变换零频率点移到频谱中心,可用函数 fftshift,反之则用函数 ifftshift。

Y = fftshift(F)

F = ifftshift(Y)

两个函数都是将矩阵 F 或 Y 的第一、三象限和第二、四象限区域互换。注意,MATLAB

中所指的象限如图 4-3 所示，与数学中的象限定义不同。

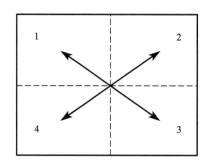

图 4-3　象限互换示意图

3. 数组或矩阵扩展函数 padarray

函数 padarray 用于扩展数组或矩阵，填充指定的元素，其使用方法说明如下。

(1) Y = padarray (X, padsize)，根据向量 padsize 指定数量和维度对 X 进行 0 扩展。

(2) Y = padarray (X, padsize, padval)，根据向量 padsize 指定数量和维度，参数 padval 指定的方式对 X 进行扩展。字符串 padval 取值可为'circular'、'replicate'、'symmetric'，分别表示用循环复制、边界复制、镜像对称方式获得填充值。

(3) Y = padarray (X, padsize, padval, direction)，扩展方向参数 direction 可以取'post'、'pre'、'both'(默认值)，分别表示在指定维度的第一个元素之前扩展、在最后一个元素之后进行扩展、在第一个元素之前和最后一个元素后同时进行扩展。

4. 二维频率响应函数 freqz2

函数 freqz2 用于计算 FIR 滤波器的频率响应，其使用方法说明如下。

(1) [H, f1, f2] = freqz2 (h, n1, n2)，计算二维 FIR 滤波器 h 的频率响应 H，其大小为 n2×n1。频率向量 f1 和 f2 为取值范围在[–1.0, 1.0]的归一化频率，1.0 对应 1/2 采样频率，即 π 弧度，长度分别为 n1 和 n2。

(2) [H, f1, f2] = freqz2 (h, [n2 n1])，返回结果同上，但注意向量[n2 n1]中 n1 和 n2 的顺序与上面不同。

(3) [H, f1, f2] = freqz2 (h)，计算[n2 n1]=[64 64]时 FIR 滤波器的频率响应。

(4) [H, f1, f2] = freqz2 (h, f1, f2)，计算频率点为 f1 和 f2 时，FIR 滤波器的频率响应。

5. 用频率采样法设计 FIR 滤波器的函数 fsamp2

函数 fsamp2 用于设计二维 FIR 滤波器，其使用方法说明如下。

(1) h = fsamp2 (Hd)，设计一个频率响应为 Hd 的二维 FIR 滤波器。

(2) h = fsamp2 (f1, f2, Hd, [m n])，设计一个在 f1 和 f2 频率点上匹配频率响应 Hd 的二维 FIR 滤波器，滤波器 h 模板大小为 m×n，匹配频率点数至少应为 m×n。频率向量 f1 和 f2 为取值范围在[–1.0, 1.0]的归一化频率，1.0 对应 1/2 采样频率，即 π 弧度。

6. 用频率变换法设计二维 FIR 滤波器的函数 ftrans2

函数 ftrans2 采用频率变换法设计二维 FIR 滤波器，其使用方法说明如下。

(1) h = ftrans2(b, t)，采用频率变换 t 从一维 FIR 滤波器 b 产生二维 FIR 滤波器 h。

(2) h = ftrans2(b)，采用 McClellan 变换矩阵 t 从一维 FIR 滤波器 b 产生二维 FIR 滤波器 h。t = [1 2 1; 2 –4 2; 1 2 1]/8。

7. 用一维窗法设计二维 FIR 滤波器的函数 fwind1

函数 fwind1 采用一维窗函数法设计二维 FIR 滤波器，其使用方法说明如下。

(1) h = fwind1(Hd, win)，用一维窗 win 产生一个近似圆对称的二维窗，设计一个频率响应为 Hd 的二维 FIR 滤波器。

(2) h = fwind1(Hd, win1, win2)，用两个一维窗 win1 和 win2 产生一个可分离的二维窗，设计一个频率响应为 Hd 的二维 FIR 滤波器。

8. 用二维窗法设计二维 FIR 滤波器函数 fwind2

函数 fwind2 采用二维窗函数法设计二维 FIR 滤波器，其使用方法说明如下。

(1) h = fwind2(Hd, win)，用滤波器期望频率响应 Hd 的傅里叶逆变换，乘以二维窗 win，设计二维 FIR 滤波器。Hd 是直角坐标平面上等距频率点构成的矩阵。

(2) h = fwind2(f1, f2, Hd, win)，功能同上，但可以规定在任意频率点 (f1, f2) 滤波器的期望频率响应 Hd。

9. 二维滤波函数 filter2

滤波器设计函数 fsamp2、ftrans2、fwind1、fwind2 须配合二维滤波函数 filter2 使用。函数 filter2 的使用方法说明如下。

(1) Y = filter2(h, X)，用二维 FIR 滤波器 h 对 X 进行滤波，Y 是采用二维相关计算的滤波结果。

(2) Y = filter2(h, X, shape)，功能同上，根据形状参数 shape 确定返回 Y 的部分结果。shape 值可为如下三个字符串：'full' 表示返回完全的二维相关结果，此时 Y 比 X 大；'same' 是默认取值，表示返回结果 Y 与 X 一样大；'valid' 表示计算相关时没有在边界进行 0 填充，此时 Y 比 X 小。

10. 自定义函数

在图像处理实验中，仅使用上述 MATLAB 函数进行图像频域滤波，有时显得不足或不方便。R. C. Gonzalez 等编写的《数字图像处理 (MATLAB 版)》(第二版) 补充了 dftfilt、dftuv、lpfilter 和 hpfilter 等函数的定义和用法，可自行参考。

4.4 实 验 举 例

【例4-1】 通过一维 FIR 滤波器设计二维 FIR 滤波器。

```
b = remez(10, [0 0.4 0.6 1], [1 1 0 0]); % 设计一维优化等纹波FIR低通滤波器
h = ftrans2(b); % 将一维滤波器转换为二维滤波器
[H, w] = freqz(b, 1, 64, 'whole');
colormap(jet(64))
plot (w/pi-1, fftshift(abs(H))); % 绘制一维滤波器的频率响应
figure, freqz2(h, [32 32]); % 绘制二维滤波器的频率响应
```

运行上述 MATLAB 代码，结果如图 4-4 和图 4-5 所示。

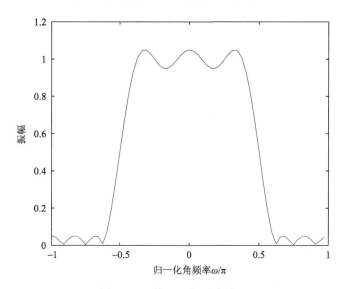

图 4-4　一维 FIR 低通滤波器

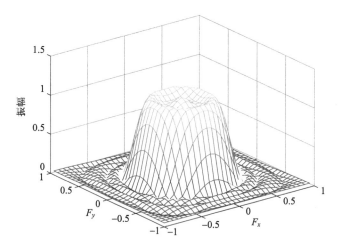

图 4-5　二维 FIR 低通滤波器

【**例 4-2**】　用汉明窗设计一个 11×11 的二维 FIR 低通滤波器。

```
Hd = zeros(11, 11); Hd(4:8, 4:8) = 1;
[f1, f2] = freqspace(11, 'meshgrid');
mesh(f1, f2, Hd), axis([-1 1 -1 1 0 1.2]), colormap(jet(64))
h = fwind1(Hd, hamming(11));
figure, freqz2(h, [32 32]), axis([-1 1 -1 1 0 1.2])
```

运行上述 MATLAB 代码，结果如图 4-6 和图 4-7 所示。

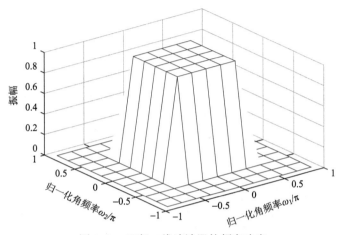

图 4-6　理想二维滤波器的频率响应

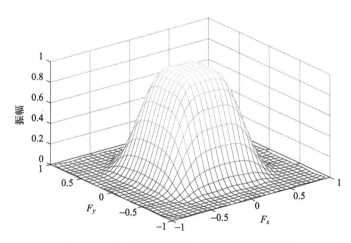

图 4-7　用汉明窗设计的二维滤波器频率响应

【**例 4-3**】　用二阶 Butterworth 低通滤波器对含有高斯噪声的图像进行频域滤波。

```
f = imread('图4-8(a).jpg'); % 读入图像
f0 = rgb2gray(f); % 将RGB彩色图像转为灰度图像
f1 = imnoise(f0, 'gaussian', 0, 0.01); % 加入高斯噪声
PQ = paddedsize(size(f)); % 计算扩展图像的大小
```

```
[U, V] = dftuv(PQ(1), PQ(2)); % 计算频域矩阵网格
D0 = 0.2*PQ(1); % 设置滤波器截止频率
D = hypot(U, V); % 计算频域距离
H = 1./(1+(D./D0).^4); % 计算二阶Butterworth低通滤波器传输函数
g = dftfilt(single(f1), H); % 对图像进行频域滤波
F = fft2(single(f0), PQ(1), PQ(2)); % 计算RGB图像的傅里叶变换
F1 = fft2(single(f1), PQ(1), PQ(2)); % 计算含高斯噪声图像的傅里叶变换
G = fft2(g, PQ(1), PQ(2)); % 计算滤波图像的傅里叶变换
figure(1), imshow(f); % 显示RGB图像
figure(2), imshow(f0); % 显示灰度图像
figure(3), imshow(f1); % 显示加高斯噪声的图像
figure(4), imshow(uint8(g)); % 显示滤波后的图像
figure(5), imshow(log(1+abs(fftshift(F))),[]); % 显示RGB图像的频谱
figure(6), imshow(log(1+abs(fftshift(F1))),[]); % 显示含高斯噪声图像的频谱
figure(7), imshow(log(1+abs(fftshift(G))),[]); % 显示滤波图像的频谱
```

运行上述 MATLAB 代码,结果如图 4-8 所示。图 4-8(a)为云南大学东陆校区建筑 RGB 彩色图像，图 4-8(b)为其对应的灰度图像，图 4-8(c)为灰度图像的频谱，图 4-8(d)为加入高斯噪声后的图像，图 4-8(e)是加入高斯噪声图像的频谱，图 4-8(f)为经频域滤波后的图像，图 4-8(g)为滤波图像的频谱。根据滤波前后图像的频谱变化可知图像中的噪声大部分被滤除。

(a) RGB 图像

(b) 灰度图像　　　　　　　　　　　(c) 灰度图像的频谱

(d)加入高斯噪声的图像　　　　　　　　　　　(e) 加入高斯噪声图像的频谱

(f)经 Butterworth 低通滤波器滤波后的图像　　　　　(g)滤波图像的频谱

图 4-8　Butterworth 低通滤波器滤波效果

【例 4-4】　用 fwind2 设计一个二维高通滤波器，用于对图像进行高通滤波。

```
f = imread('图4-9(a).jpg');
f1 = rgb2gray(f); % 将RGB彩色图像转换为灰度图像
[M, N] = size(f1); % 计算图像的大小
hsize = [11 11]; % 设置滤波器参数
sigma = 0.5;
[U, V] = dftuv(hsize(1), hsize(2)); % 计算滤波器数组网格
D = hypot(U, V); % 计算距离数组网格
Hd = ones(hsize); % 设置初始滤波器
Hd(D<5) = 0; % 设置高通滤波器截止频率
win = fspecial('gaussian', hsize, sigma); % 产生高斯窗
win = win./max(win(:)); % 归一化窗
h = fwind2(Hd, win); % 用窗函数法设计二维滤波器
H = freqz2(Hd, 2*M, 2*N); % 产生频域滤波器
g = dftfilt(f1, H); % 对图像进行频域滤波
g1 = imbinarize(g); % 将高通滤波后的图像进行二值化处理
figure, imshow(f, []); % 显示图像
figure, imshow(f1, []);
```

```
figure, imshow(g, []);
figure, imshow(g1, []);
```

运行上述 MATLAB 代码，结果如图 4-9 所示。图 4-9(a)为位于云南大学东陆校区的会泽院 RGB 彩色图像，图 4-9(b)为其对应的灰度图像，图 4-9(c)为截止频率是 5 时，高通滤波器的输出图像，图 4-9(d)为经过二值化处理的高通滤波的图像。由图可见，高通滤波后图像中保留了对应 RGB 图像中灰度变化比较快的部分，灰度变化缓慢的部分被滤除了。

(a)会泽院 RGB 图像   (b)灰度图像

(c)高通滤波后图像   (d)二值化处理后的高通滤波图像

图 4-9   二维高通滤波

习　题

4-1　图像空间滤波与频域滤波。

图题 4-1 所示为云南大学东陆校区文渊楼图像。请编写 MATLAB 代码，用 fspecial 函数产生 prewitt 空间滤波器 h，用 freqz2 函数产生相应的频域滤波器 H，注意频域滤波器大小与图像大小匹配。用 imfilter 函数对该图像进行空间滤波，用 dftfilt 函数对图像进行频域滤波。显示并比较滤波结果。

图题 4-1　云南大学东陆校区文渊楼图像

4-2　图像低通滤波与高通滤波。

图题 4-2 所示为云南大学历史博物馆(会译院)廊道图像。请编写 MATLAB 代码，用 lpfilter 函数和 hpfilter 函数分别生成频域理想低通/高通滤波器、Butterworth 低通/高通滤波器和高斯低通/高通滤波器，用 dftfilt 函数对图像进行低通和高通滤波，每个滤波器的截止频率取 3 个不同的值。显示并比较滤波结果。

图题 4-2　云南大学历史博物馆廊道图像

第 5 章　图像复原实验

5.1　实　验　目　的

本章实验的目的是熟悉图像退化过程的数学模型，包括空间域模型和频域模型；熟悉常见噪声的概率密度函数、均值和方差等；掌握常见噪声的生成方法、周期噪声的频域滤波方法、图像复原常用的空间滤波器方程与实现函数；掌握图像复原的维纳滤波器和约束最小二乘滤波器的实现方法；熟悉 Lucy-Richardson 图像复原算法和盲去卷积算法的实现方法；根据实际应用场景需求，学会在 MATLAB 软件平台上编程完成图像复原任务并达到预期目标。

5.2　图像复原基础

图像复原是利用图像退化过程的先验知识重构或恢复图像，在一定意义上改善图像质量。本章实验是在 MATLAB 软件平台上对图像退化过程进行建模，最终实现图像复原。

5.2.1　图像退化与复原模型

图像退化过程可以采用退化函数建模，同时退化过程通常会伴随噪声的产生。用 $f(x,y)$ 表示输入图像，$g(x,y)$ 表示退化图像，$\eta(x,y)$ 表示噪声，$h(x,y)$ 表示退化函数，则一个线性、空间不变的图像退化过程可以用下面的数学模型表示：

$$g(x,y) = h(x,y) * f(x,y) + \eta(x,y) \tag{5.1}$$

式中，* 为卷积运算符。这是图像退化过程的空间域模型。根据傅里叶变换的卷积定理，可以得到图像退化过程的频域模型：

$$G(u,v) = H(u,v) \cdot F(u,v) + N(u,v) \tag{5.2}$$

式中，$G(u,v)$、$F(u,v)$、$N(u,v)$ 分别为退化图像、原图像、噪声的傅里叶变换；$H(u,v)$ 为退化函数 $h(x,y)$ 的傅里叶变换，$H(u,v)$ 有时称为光学传递函数（OTF），而 $h(x,y)$ 称为点扩展函数（PSF）。MATLAB 图像处理工具箱中的函数 otf2psf 和 psf2otf 可实现两者之间的相互转换。

5.2.2　噪声模型

图像退化过程通常不可避免受噪声影响。图像复原的一个中心问题就是对噪声的性质和影响进行建模仿真。噪声模型可分为空间模型和频域模型两种基本的模型，前者用噪声概率密度函数表示，后者用噪声的傅里叶谱描述。

常见的噪声概率分布包括均匀(Uiform)分布、高斯(Gaussian)分布、对数正态(Lognormal)分布、瑞利(Rayleigh)分布、指数(Exponential)分布、爱尔朗(Erlang)分布、椒盐(Salt-pepper)分布等。表 5-1 给出了上述噪声分布的概率密度函数、均值和方差,以及其随机数生成方法。

表 5-1　常见噪声概率分布

名称	概率密度函数	均值和方差	生成方法
均匀分布	$p(z)=\begin{cases}\dfrac{1}{b-a} & (a\leqslant z\leqslant b)\\ 0 & 其他\end{cases}$	$m=\dfrac{a+b}{2}$ $\sigma^2=\dfrac{(b-a)^2}{12}$	rand
高斯分布	$p(z)=\dfrac{1}{\sqrt{2\pi}b}\mathrm{e}^{-(z-a)^2/(2b^2)}\quad(-\infty<z<\infty)$	$m=a$ $\sigma^2=b^2$	randn
对数正态分布	$p(z)=\dfrac{1}{\sqrt{2\pi}bz}\mathrm{e}^{-(\ln z-a)^2/(2b^2)}\quad(z>0)$	$m=\mathrm{e}^{a+b^2/2}$ $\sigma^2=(\mathrm{e}^{b^2}-1)\mathrm{e}^{2a+b^2}$	$z=\mathrm{e}^{bN(0,1)+a}$ ($N(0,1)$ 为均值为 0、方差为 1 的高斯分布随机数)
瑞利分布	$p(z)=\begin{cases}\dfrac{2}{b}(z-a)\mathrm{e}^{-(z-a)^2/b} & (z\geqslant a)\\ 0 & (z<a)\end{cases}$	$m=a+\sqrt{\pi b/4}$ $\sigma^2=b(1-\pi/4)$	$z=a+\sqrt{-b\ln[1-U(0,1)]}$ ($U(0,1)$ 为在 (0,1) 范围内均匀分布的随机数)
指数分布	$p(z)=\begin{cases}a\mathrm{e}^{-az} & (z\geqslant 0)\\ 0 & (z<0)\end{cases}$	$m=1/a$ $\sigma^2=1/a^2$	$z=-\dfrac{1}{a}\ln[1-U(0,1)]$
爱尔朗分布	$p(z)=\dfrac{a^b z^{b-1}}{(b-1)!}\mathrm{e}^{-az}\quad(z\geqslant 0)$	$m=b/a$ $\sigma^2=b/a^2$	$z=E_1+E_2+\cdots+E_b$ (E_i 为参数为 a 的指数分布随机数)
椒盐分布	$p(z)=\begin{cases}P_p & (z=0)\\ P_s & (z=2^n-1)\\ 1-(P_p+P_s) & (z=k,0<k<2^n-1)\end{cases}$	$m=P_p+k(1-P_p$ $-P_s)+(2^n-1)P_s$ $\sigma^2=(0-m)^2 P_p$ $+(k-m)^2(1-P_p$ $-P_s)+(2^n-1-m)^2 P_s$	用 rand 函数,经简单逻辑运算可产生椒盐分布随机噪声

周期噪声是在图像采集过程中电气或机电干扰产生的一种空间相关噪声,其数学模型为

$$r(x,y)=A\sin[2\pi u_0(x+B_x)/M+2\pi v_0(y+B_y)/N] \tag{5.3}$$

式中, $x=0,1,2,\cdots,M-1;y=0,1,2,\cdots,N-1$; u_0、v_0 分别为与 x 方向和 y 方向对应的频率; B_x、B_y 分别为关于原点的相移。 $r(x,y)$ 的离散傅里叶变换即为周期噪声的频谱 $R(u,v)$

$$R(u,v)=\frac{\mathrm{j}AMN}{2}[\mathrm{e}^{-\mathrm{j}2\pi(u_0B_x/M+v_0B_y/N)}\delta(u+u_0,v+v_0)(-\mathrm{e}^{-\mathrm{j}2\pi(u_0B_x/M+v_0B_y/N)})\delta(u-u_0,v-v_0)]$$

$$\tag{5.4}$$

式中, $u=0,1,2,\cdots,M-1;v=0,1,2,\cdots,N-1$。周期噪声频谱由一对复共轭脉冲组成,采用频域滤波的陷波带阻滤波器(Notchreject Filter)容易滤除周期噪声。

空间噪声的均值 m 和方差 σ^2 与噪声分布参数 a 和 b 密切相关。可以采用样本图像估计噪声的均值和方差,然后利用均值和方差计算分布的参数 a 和 b。MATLAB 函数

statmonents 利用图像直方图计算图像的 2 阶至 n 阶的所有矩(忽略了零阶矩和一阶矩,前者恒为 1,后者恒为 0),矩向量的第一个值是均值。在图像中选择一个背景均匀或没有突出变化的区域,保证其灰度值的变化主要是由于噪声引起的,然后利用该区域的直方图计算图像距。MATLAB 函数 roipoly 可以选择这样一个感兴趣的区域。

周期噪声参数可以通过分析其傅里叶谱进行估计,其傅里叶谱具有很明显的频率尖峰脉冲。

5.2.3 退化函数估计

退化函数估计的典型方法是通过实验产生点扩展函数,然后用不同的复原算法进行复原试验,最终找到合适的点扩展函数。当然,也可以用数学建模方法估计退化函数。图像模糊是最常见的图像退化现象,它的产生有两种情况:一是拍摄场景和摄像机相对静止,这种模糊可以用空间或频域低通滤波器来建模;二是场景与摄像机之间均匀的线性运动产生的模糊,这种运动模糊可以用 MATLAB 函数 fspecial 来建模。用 fspecial 函数产生运动模糊的点扩展函数,然后用 MATLAB 函数 imfilter 产生模糊图像。

5.2.4 图像复原的滤波方法

1. 空间滤波器

若图像退化仅由噪声引起,不需考虑点扩展函数估计,则采用空间滤波器可以降低或抑制噪声。空间滤波器主要包括算术平均滤波器、几何平均滤波器、调和平均滤波器、反调和平均滤波器、中值滤波器、最大值滤波器、最小值滤波器、中点滤波器、α 截断平均滤波器等,它们的滤波方程及实现函数见表 5-2。

表 5-2 空间滤波器方程及实现函数

滤波器名称	滤波器方程	滤波器实现函数
算术平均滤波器	$\hat{f}(x,y)=\dfrac{1}{mn}\sum_{(s,t)\in S_{xy}}g(s,t)$ (S_{xy} 为噪声污染图像 $g(x,y)$ 中大小为 $m\times n$ 的子图像,下同)	w=fspecial ('average',[m,n]) f=imfilter (g,w)
几何平均滤波器	$\hat{f}(x,y)=\left[\prod_{(s,t)\in S_{xy}}g(s,t)\right]^{\frac{1}{mn}}$	自定义函数 spfilt
调和平均滤波器	$\hat{f}(x,y)=\dfrac{mn}{\sum\limits_{(s,t)\in S_{xy}}\dfrac{1}{g(s,t)}}$	自定义函数 spfilt
反调和平均滤波器	$\hat{f}(x,y)=\dfrac{\sum\limits_{(s,t)\in S_{xy}}g(s,t)^{Q+1}}{\sum\limits_{(s,t)\in S_{xy}}g(s,t)^{Q}}$	自定义函数 spfilt
中值滤波器	$\hat{f}(x,y)=\operatorname*{median}_{(s,t)\in S_{xy}}\{g(s,t)\}$	f= medfilt2 (g,[m,n], 'symmetric')
自适应中值滤波器	根据子图像的统计性质,自动调整中值器滤波窗口大小	自定义函数 adpmedian

滤波器名称	滤波器方程	滤波器实现函数
最大值滤波器	$\hat{f}(x,y) = \max_{(s,t) \in S_{xy}} \{g(s,t)\}$	f= imdilate (g, ones (m, n))
最小值滤波器	$\hat{f}(x,y) = \min_{(s,t) \in S_{xy}} \{g(s,t)\}$	f= imerode (g, ones (m, n))
中点滤波器	$\hat{f}(x,y) = \dfrac{1}{2}\left[\max_{(s,t) \in S_{xy}} \{g(s,t)\} + \min_{(s,t) \in S_{xy}} \{g(s,t)\} \right]$	用最大和最小滤波结果之和的二分之一计算
α 截断平均滤波器	$\hat{f}(x,y) = \dfrac{1}{mn-d} \sum_{(s,t) \in S_{xy}} g_r(s,t)$	去掉 S_{xy} 中最大和最小的各 d/2 个像素。用自定义函数 spfilt

2. 频域滤波器

周期噪声的傅里叶谱存在明显的尖峰状脉冲，采用频域滤波器——陷波带阻滤波器很容易滤除这种频域尖峰噪声。Q 个陷波频率对应的陷波带阻滤波器传递函数为

$$H_{NR}(u,v) = \prod_{k=1}^{Q} H_k(u,v) H_{-k}(u,v) \tag{5.5}$$

式中，$H_k(u,v)$ 和 $H_{-k}(u,v)$ 分别为中心频率位于 (u_k, v_k) 和 $(-u_k, -v_k)$ 的高通滤波器，频域矩形中心位于 $(M/2, N/2)$。高通滤波器中的距离计算如下：

$$D_k(u,v) = \sqrt{(u - M/2 - u_k)^2 + (v - N/2 - v_k)^2} \tag{5.6}$$

$$D_{-k}(u,v) = \sqrt{(u - M/2 + u_k)^2 + (v - N/2 + v_k)^2} \tag{5.7}$$

陷波带阻滤波器采用自定义函数 recnotch 实现。

3. 维纳滤波

维纳滤波器是早期著名的线性图像复原方法之一，是在使未退化图像与复原估计图像差的平方的数学期望最小化意义下得到的。维纳滤波器的频域滤波方程为

$$\hat{F}(u,v) = \left[\frac{1}{H(u,v)} \frac{|H(u,v)|^2}{|H(u,v)|^2 + S_\eta(u,v)/S_f(u,v)} \right] G(u,v)$$

式中，$\hat{F}(u,v)$ 为复原估计图像的傅里叶谱；$G(u,v)$ 为退化图像的傅里叶谱；$H(u,v)$ 为退化函数；$S_\eta(u,v) = |N(u,v)|^2$ 为噪声功率谱；$S_f(u,v) = |F(u,v)|^2$ 为退化图像的功率谱。维纳滤波器可用 MATLAB 函数 deconvwnr 实现。

4. 约束最小二乘(正则化)滤波

约束最小二乘滤波是另一种行之有效的线性图像复原方法。图像退化空间模型(5.1)可以用矩阵形式表示为

$$\boldsymbol{g} = \boldsymbol{Hf} + \boldsymbol{\eta} \tag{5.8}$$

若图像 f 的大小为 $M \times N$，则向量 $\boldsymbol{f}$ 的维度就是 $MN \times 1$，矩阵 $\boldsymbol{H}$ 的维度就是 $MN \times MN$，通常它们的维度都非常大。另外，传递函数 $H(u,v)$ 存在零点，矩阵 $\boldsymbol{H}$ 的逆矩阵并不总是存在。因此，直接求解上述矩阵方程是非常困难的。为了估计复原图像 $\hat{f}$，考虑图像平滑性测度。定义优化准则函数 C 为图像的二阶导数——图像的拉普拉斯变换

$$C = \sum_{x=0}^{M-1} \sum_{y=0}^{N-1} \left[\nabla^2 f(x,y) \right]^2 \tag{5.9}$$

使准则函数 C 在约束条件

$$\left\| \boldsymbol{g} - \boldsymbol{H}\hat{f} \right\|^2 = \left\| \boldsymbol{\eta} \right\|^2 \tag{5.10}$$

下，最小的优化解为

$$\hat{F}(u,v) = \left[\frac{H^*(u,v)}{|H(u,v)|^2 + \gamma |P(u,v)|^2} \right] G(u,v) \tag{5.11}$$

式中，γ 为满足约束条件设置的可调参数，也称为拉格朗日乘子；$P(u,v)$ 为矩阵

$$\boldsymbol{p}(x,y) = \begin{bmatrix} 0 & 1 & 0 \\ 1 & -4 & 1 \\ 0 & 1 & 0 \end{bmatrix} \tag{5.12}$$

的傅里叶变换。约束最小二乘滤波采用 MATLAB 函数 deconvreg 实现。

5.2.5　利用 Lucy-Richardson 算法复原图像

图像复原的线性滤波方法具有直接、实现简单、计算不复杂、理论基础完备等优点。但非线性方法复原结果往往优于线性方法复原结果，因此日趋受到重视。Lucy-Richardson（L-R）算法是在已知点扩展函数 $h(x,y)$ 的条件下，对图像去模糊的迭代非线性复原方法。它根据图像泊松分布模型，采用最大似然法得到如下迭代方程

$$\hat{f}_{k+1}(x,y) = \left[h(-x,-y) * \frac{g(x,y)}{h(x,y) * \hat{f}_k(x,y)} \right] \hat{f}_k(x,y) \tag{5.13}$$

与大多数非线性方法一样，L-R 算法迭代过程何时停止很难确定，通常是通过观察迭代输出结果是否达到要求来适时停止。L-R 算法可用 MATLAB 函数 deconvlucy 实现。

5.2.6　利用盲去卷积复原图像

图像复原的难点之一是获得一个合适的点扩展函数估计。为此，有研究学者提出了一种不需要点扩展函数先验知识图像复原方法，称为盲去卷积算法。把图像视为某个随机变量产生的随机量，用 $g(x,y)$、$f(x,y)$、$h(x,y)$ 表示似然函数，采用最大似然估计法找到使得似然函数最大化的估计图像和点扩展函数。盲去卷积算法可用 MATLAB 函数 deconvblind 实现。

5.3 相关的 MATLAB 函数

图像复原用到的 MATLAB 函数主要包括 deconvwnr、deconvreg、deconvlucy、deconvblind、imnoise、psf2otf 和 otf2psf 等，下面介绍它们的调用格式。

1. 维纳滤波函数 deconvwnr

函数 deconvwnr 用于图像去模糊，其使用方法说明如下。

(1) f = deconvwnr(g, psf, nsr)，g 为退化图像，psf 为退化函数，nsr 为信噪比，f 为复原图像。若 nsr 为 0，则维纳滤波器成为理想的逆滤波器。

(2) f = deconvwnr(g, psf, ncorr, icorr)，ncorr 和 icorr 分别为噪声和图像的自相关函数，通常是矩阵，若是标量，则代表噪声和图像的功率。

2. 约束最小二乘(正则化)滤波函数 deconvreg

函数 deconvreg 用于计算图像的最小二乘滤波，也称为正则化滤波，其使用方法说明如下。

(1) f = deconvreg(g, psf)，用正则化滤波方法得到去模糊图像 f。假设退化图像 g 是用一个真实的图像与点扩展函数 psf 进行卷积运算产生的。

(2) f = deconvreg(g, psf, noisepower)，用正则化滤波方法得到去模糊图像 f。noisepower 为加性噪声功率，默认值为 0。

(3) f = deconvreg(g, psf, noisepower, lrange)，用正则化滤波方法得到去模糊图像 f。lrange 指定优化算法中最优拉格朗日乘子 LAGRA 的搜索范围，默认值为 $[10^{-9}, 10^{9}]$。

(4) f = deconvreg(g, psf, noisepower, lrange, regop)，用正则化滤波方法得到去模糊图像 f。regop 是约束去卷积的正则化算子，默认值为拉普拉斯算子。

3. Lucy-Richardson 算法函数 deconvlucy

函数 deconvlucy 采用 Lucy-Richardson 算法计算图像滤波，其使用方法说明如下。

(1) f = deconvlucy(g, psf)，用 Lucy-Richardson 方法复原退化图像 g。假设 g 是点扩展函数 psf 作用和加性噪声污染的结果。

(2) f = deconvlucy(g, psf, numit)，用 Lucy-Richardson 方法复原退化图像 g。numit 指定迭代次数，默认值为 10 次。

(3) f = deconvlucy(g, psf, numit, dampar)，用 Lucy-Richardson 方法复原退化图像 g。标量参数 dampar 指定图像复原的偏差阈值，迭代过程中抑制偏离原始值大于阈值 dampar 的像素，从而抑制噪声，保护必要的图像细节，默认值为 0(没有抑制作用)。

(4) f = deconvlucy(g, psf, numit, dampar, weight)，用 Lucy-Richardson 方法复原退化图像 g。参数 weight 给每个像素分配一个权值，反映像素在摄像机中记录的质量。好的像素权值为 1，差的像素权值为 0。weight 的默认值为与退化图像 g 大小相同的全 1 矩阵。

(5) f = deconvlucy(g, psf, numit, dampar, weight, readout)，用 Lucy-Richardson 方法复

原退化图像 g。readout 指定与加性噪声和摄像机读出噪声方差相对应的值，默认值为 0。

（6）f = deconvlucy（g, psf, numit, dampar, weight, readout, subsmpl），用 Lucy-Richardson 方法复原退化图像 g。subsmpl 为子采样参数，当点扩展函数 psf 网格比图像精细 subsmpl 倍时采用子采样，默认值为 1。

4. 盲去卷积算法函数 deconvblind

函数 deconvblind 采用盲去卷积方法计算图像滤波，其使用方法说明如下。

（1）[f, psf] = deconvblind（g, initpsf），用盲去卷积算法获得复原图像 f 和点扩展函数 psf。初始预测的点扩展函数 initpsf 的维度对 psf 估计值的影响很大，它的值对 psf 估计值的影响不大。因此，可以确定 initpsf 的值为全 1 的矩阵。

（2）[f, psf] = deconvblind（g, initpsf, numit），用盲去卷积算法获得复原图像 f 和点扩展函数 psf。numit 指定迭代次数，默认值为 10 次。

（3）[f, psf] = deconvblind（g, initpsf, numit, dampar），用盲去卷积算法获得复原图像 f 和点扩展函数 psf。标量参数 dampar 指定图像复原的偏差阈值，迭代过程中抑制偏离原始值大于阈值 dampar 的像素，从而抑制噪声，保护必要的图像细节，默认值为 0（没有抑制作用）。

（4）[f, psf] = deconvblind（g, initpsf, numit, dampar, weight），用盲去卷积算法获得复原图像 f 和点扩展函数 psf。参数 weight 给每个像素分配一个权值，反映像素在摄像机中记录的质量。好的像素权值为 1，差的像素权值为 0。weight 的默认值为与退化图像 g 大小相同的全 1 矩阵。

（5）[f, psf] = deconvblind（g, initpsf, numit, dampar, weight, readout），用盲去卷积算法获得复原图像 f 和点扩展函数 psf。readout 指定与加性噪声和摄像机读出噪声方差相对应的值，默认值为 0。

5. 图像加噪函数 imnoise

函数 imnoise 用于对图像添加指定分布的噪声，其使用方法说明如下。

g = imnoise（f, type, parameters），给图像 f 加入噪声，得到含噪声的图像 g。噪声类型和参数由 type 和 parameters 分别指定。type = "gaussian"，表示加入一定均值和方差的高斯白噪声；type = "localvar"，表示加入均值为 0、方差与强度相关的高斯白噪声；type = "poisson"，表示加入泊松分布的噪声；type = "pepper & salt"，表示加入椒盐噪声（类似像素的开与闭）；type = "speckle"，表示加入乘性噪声。

6. 点扩展函数 psf 与光传递函数 otf 相互转换函数

函数 psf 和 otf 实现点扩展函数与光传递函数之间的相互转换，它们的使用方法说明如下。

（1）otf = psf2otf（psf, outsize），将点扩展函数 psf 转换为光传递函数 otf，维度大小由 outsize 确定，默认值与 psf 维度相同。

（2）psf = otf2psf（otf, outsize），将光传递函数 otf 转换为点扩展函数 psf，维度大小由

outsize 确定，默认值与 otf 维度相同。

7. 自定义函数

在图像复原实验中，仅使用上述 MATLAB 工具箱函数进行图像复原，有时显得不足或不方便。R. C. Gonzalez 等编写的《数字图像处理（MATLAB 版）》（第二版）补充了spfilt、recnotch、adpmedian、imnoise2 和 imnoise3 等函数的定义和用法，可自行参考。

5.4　实　验　举　例

【例 5-1】　采用维纳滤波器复原运动模糊并受噪声污染的图像。

```
f1 = imread('图5-1(a).jpg'); % 读入和显示计算机模拟的从月球看地球的图像
f2 = im2double(f1); % 将输入图像转为双精度类型
figure(1), imshow(f1), title('计算机模拟的从月球看地球的图像')
LEN = 21; % 模拟运动模糊
THETA = 11;
PSF = fspecial('motion', LEN, THETA);
blurred = imfilter(f2, PSF, 'conv', 'circular');
figure(2), imshow(blurred), title('运动模糊图像')
noise_mean = 0; % 模拟加性高斯噪声
noise_var = 0.0001;
blurred_noisy = imnoise(blurred, 'gaussian', noise_mean, noise_var);
figure(3), imshow(blurred_noisy), title('受噪声污染的运动模糊图像')
estimated_nsr = 0; % 在假设没有噪声时尝试复原图像
wnr2 = deconvwnr(blurred_noisy, PSF, estimated_nsr);
figure(4), imshow(wnr2), title('假设信噪比为0时的复原图像')
estimated_nsr = noise_var / var(f2(:)); % 尝试用一个估计较好的信噪比复原图像
wnr3 = deconvwnr(blurred_noisy, PSF, estimated_nsr);
figure(5), imshow(wnr3), title('用估计的信噪比复原的图像')
```

运行上述 MATLAB 代码，结果如图 5-1 所示。图 5-1(a)为计算机模拟的从月球看地球的图像。图 5-1(b)为图像沿着与水平方向夹角为 11° 方向运动 21 个像素后的模糊图像，图 5-1(c)为模糊图像加入均值为 0、方差为 0.0001 的高斯噪声后的图像，图 5-1(d)为用维纳滤波器在假设信噪比为 0 的情况下复原的图像，图 5-1(e)为在估计信噪比后用维纳滤波器复原的图像。由图可见，信噪比估计值对图像复原结果的影响很大。

【例 5-2】　本例采用 Lucy-Richardson 算法复原模糊图像。Lucy-Richardson 算法假设图像噪声为泊松分布，用最大似然估计法复原图像。在已知点扩展函数的条件下，该算法能有效复原图像。MATLAB 函数 deconvlucy 实现了 Lucy-Richardson 算法，它用dampar 参数有效降低最大似然估计的噪声放大问题，用 weight 参数指定可忽略的坏像素，用 readout 参数处理 CCD 器件的读出噪声（高斯分布），用 subsampl 参数可以显著改善欠采样图像的质量。

(a)计算机模拟的从月球看地球的图像

(b)运动模糊图像

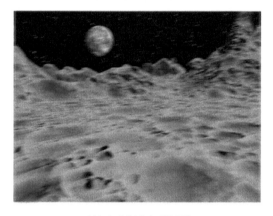

(c)加入高斯噪声后的图像

(d)信噪比为 0 时的复原图像

(e)用估计的信噪比复原的图像

图 5-1　用维纳滤波器复原图像

```
f1 = imread('图5-2(a).jpg'); % 读入和显示图像
figure(1), imshow(f1), title('风云四号B星图像')
psf = fspecial('gaussian', 11, 11); % 产生点扩展函数
```

```
f2 = imfilter(f2, psf, 'symmetric', 'conv'); % 产生模糊图像
figure(2), imshow(f2), title('模糊图像')
var = 0.02; % 设置噪声方差
f3 = imnoise(f2,'gaussian', 0, var); % 模糊图像加入高斯噪声
figure(3), imshow(f3), title('模糊噪声图像')
f4 = deconvlucy(f2, psf, 11); % 模糊图像复原
figure(4), imshow(f4), title('模糊图像复原结果')
f5 = deconvlucy(f3, psf, 11); % 模糊噪声图像复原
figure(5), imshow(f5), title('模糊噪声图像复原结果')
```

运行上述 MATLAB 代码，实验结果如图 5-2 所示。图 5-2(a)为我国最新的气象卫星风云四号 B 星的计算机模拟图像，该卫星于 2021 年 6 月 3 日 0 时 17 分，在西昌卫星发射中心由长征三号乙运载火箭发射成功，是我国新一代静止轨道气象卫星风云四号系列卫星的首发业务星，标志着我国新一代静止轨道卫星观测系统正式进入业务化发展阶段，对确保我国静止气象卫星升级换代和连续、可靠、稳定业务运行意义重大。图 5-2(b)为对图 5-2(a)进行高斯平滑滤波生成的模糊图像，图 5-2(c)为在图 5-2(b)上叠加高斯噪声后生成的模糊噪声图像，图 5-2(d)为用 Lucy-Richardson 算法对图 5-2(b)进行复原的图像，图 5-2(e)是用 Lucy-Richardson 算法对图 5-2(c)进行复原的图像。由图可见，在已

(a)风云四号 B 星图像

(b)模糊图像

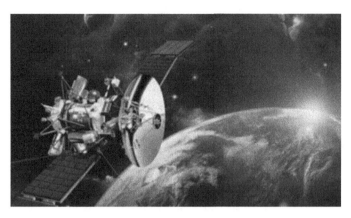

(c)模糊噪声图像

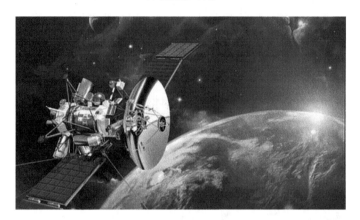

(d)模型图像复原结果

(e)模糊噪声图像复原结果

图 5-2　用 Lucy-Richardson 算法复原图像

知点扩展函数 PSF 的条件下，Lucy-Richardson 算法能较好地复原图像(图 5-2(d))。但该算法也存在不足，在有噪声影响的情况下，输出图像可能会出现振铃现象(图 5-2(e))，这是由于算法使用离散傅里叶变换引起的。要减少振铃效应，可以在调用函数 decovlucy 之前使用函数 edgetaper 对图像进行处理，具体用法请参考 MATLAB 的帮助文档。

【例 5-3】　使用约束最小二乘(正则化)去卷积对图像进行去模糊。当有关加性噪声的已知信息很有限，并且将约束(如平滑度)用于恢复图像时，可以有效地使用正则化去卷积，使用约束最小二乘(正则化)算法恢复模糊、带噪声的图像。

```matlab
f = im2double(imread('图5-3(a).jpg')); % 读入并显示图像
figure, imshow(f), title('江东村及江东大桥图像')
PSF = fspecial('gaussian', 11, 5); % 生成高斯模糊函数
f1 = imfilter(f, PSF, 'conv'); % 产生模糊图像
figure, imshow(f1), title('模糊图像')
noise_mean = 0; % 设置高斯噪声参数，均值为0，方差为0.02
noise_var = 0.02;
% 生成模糊带噪声的图像
f2 = imnoise(f1, 'gaussian', noise_mean, noise_var);
figure, imshow(f2), title('带噪声的模糊图像')
NP = noise_var*numel(f); % 计算噪声功率
%% 用正则化算法复原图像
% 输入参数两个，点扩展函数和噪声功率
% 输出参数两个，复原图像和拉格朗日乘子
[reg1, lagra] = deconvreg(f2, PSF, NP);
figure, imshow(reg1), title('用真实的噪声功率复原的图像')
NP_scale1 = 1.1; % 噪声功率比例因子
reg2 = deconvreg(f2, PSF, NP*NP_scale1); % 用较大的噪声功率复原图像
figure, imshow(reg2), title('用较大的噪声功率复原的图像')
NP_scale2 = 0.9; % 噪声功率比例因子
reg3 = deconvreg(f2, PSF, NP*NP_scale2); % 用较小的噪声功率复原图像
figure, imshow(reg3), title('用较小的噪声功率复原的图像')
tapered = edgetaper(f2,PSF); % 弱化边缘，降低振铃效应
reg4 = deconvreg(tapered, PSF, NP*NP_scale2);
figure, imshow(reg4), title('用较小的噪声功率和弱化边缘复原的图像')
reg5 = deconvreg(tapered, PSF, [], lagra); % 忽略了噪声功率的图像复原
figure, imshow(reg5), title('用拉格朗日乘子复原的图像')
```

运行上述 MATLAB 代码，结果如图 5-3 所示。图 5-3(a)为云南省香格里拉市尼西乡江东村及跨越金沙江的江东大桥远眺图像，大桥于 2021 年 1 月 25 日建成通车，图 5-3(b)为高斯滤波模糊的图像，图 5-3(c)为加入均值为 0、方差为 0.02 高斯噪声的模糊图像，图 5-3(d)～(f)分别为用真实、较大和较小的噪声功率复原的图像，图 5-3(g)为用较小的噪声功率和弱化边缘的图像复原，图 5-3(h)为用拉格朗日乘子复原的图像。由图可见，除了退化函数(点扩展函数)，噪声功率和拉格朗日乘子对图像复原效果也起到重要作用。

(a)江东村及江东大桥图像　　　　　　　　(b)模糊图像

(c)带噪声的模糊图像　　　　　　(d)用真实的噪声功率复原的图像

(e)用较大的噪声功率复原的图像　　　　　(f)用较小的噪声功率复原的图像

(g)用较小的噪声功率和弱化边缘复原的图像　　　(h)用拉格朗日乘子复原的图像

图 5-3　约束最小二乘(正则化)图像复原

习　题

5-1　用最小二乘算法复原图像。

图题 5-1 为机器人的手敲击键盘的图像。用 fspecial 函数产生大小为 11×11，标准偏差为 5 的圆对称高斯低通滤波器，用 imfilter 函数对输入图像进行低通滤波，产生模糊图像。在模糊图像上加入均值为 0、方差为 0.02 的高斯噪声。用最小二乘算法复原函数 deconvreg 复原图像，参数为点扩展函数和噪声功率。请编写 MATLAB 代码实现上述功能，并分析实验结果。

图题 5-1　机器人的手敲击键盘的图像

5-2　用盲去卷积算法复原图像。

图题 5-2 是一台电子设备内部电路板特写图像。用 fspecial 函数产生长度为 13 个像

图题 5-2　电路板特写图像

素、与水平方向夹角 45°的运动模糊点扩展函数 PSF，用 imfilter 函数对输入图像滤波产生模糊图像。估计一个初始点扩展函数 InitPSF 数组，维度与 PSF 相同，初始值全部为 1。用函数 deconvblind 对模糊图像进行迭代复原，得到估计图像，同时获得近似的点扩展函数。为了降低复原过程中图像的振铃效应，可以用加权参数 WEIGHT。请编写 MATLAB 代码实现上述功能，并分析实验结果。

第6章 几何变换与图像配准实验

6.1 实 验 目 的

本章实验的目的是熟悉图像几何变换的概念，包括几何坐标映射；图像插值和逆映射；学会使用 MATLAB 图像处理工具箱实现调整大小、旋转、裁剪，以及其他常见的几何图像变换，使用强度相关、特征匹配或控制点映射来对齐两个图像；掌握图像处理工具箱和计算机视觉工具箱提供的四种图像配准解决方案：采用配准估计器（Registration Estimator）App 的交互式配准、基于强度的自动图像配准、控制点配准和自动特征匹配；根据实际应用场景需求，学会在 MATLAB 软件平台上编程完成图像旋转、平移、插值和配准等任务并达到预期目标。

6.2 几何变换基础

几何变换直接改变图像像素间的空间关系，包括旋转、平移、拉伸等变换，可用于产生缩略图、改变图像或视频分辨率、校正显示器几何失真、同一场景的多幅图像校准等。

6.2.1 坐标变换

两个坐标系统 (w,z) 与 (x,y) 之间的几何变换，定义为输入空间坐标点与输出空间坐标点之间的映射，用 T 表示，即 $(x,y)=T\{(w,z)\}$；反之则称为逆变换或逆映射，即 $(w,z)=T^{-1}\{(x,y)\}$。

图像的几何变换用坐标几何变换来定义。用 $f(w,z)$ 表示输入图像，定义几何变换输出图像 $g(x,y)=f(T^{-1}\{(x,y)\})$。图像像素点的正变换和逆变换，如图 6-1 所示，其中

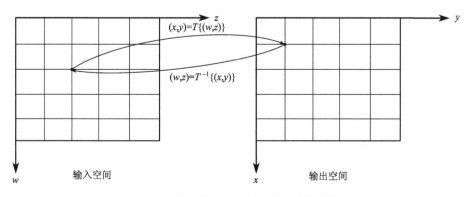

图 6-1　图像像素点坐标正变换和逆变换

$T\{(w,z)\}=(w/2,z/2)$。在MATLAB图像处理工具箱中,用maketform函数产生一个tform结构,表示坐标系统的几何变换。

6.2.2 仿射变换

仿射变换是从一个向量空间到另一个向量空间的映射,它由一个线性变换和一个偏移表示。二维空间的仿放射变换可以表示为

$$[x\ y]=[w\ z]\begin{bmatrix} a_{11} & a_{12} \\ a_{21} & a_{22} \end{bmatrix}+[b_1\ b_2] \tag{6.1}$$

仿射变换可以写成一个矩阵乘法的形式:

$$[x\ y\ 1]=[w\ z\ 1]\begin{bmatrix} a_{11} & a_{12} & 0 \\ a_{21} & a_{22} & 0 \\ b_1 & b_2 & 1 \end{bmatrix} \tag{6.2}$$

或

$$[x\ y\ 1]=[w\ z\ 1]\boldsymbol{T} \tag{6.3}$$

式中,$\boldsymbol{T}$ 为仿射矩阵。考虑齐次坐标,在 $[x\ y]$ 和 $[w\ z]$ 上加一个 1。

仿射变换主要包括缩放、平移、旋转、错切和反射变换。旋转、平移和反射变换是非常重要的仿射变换,称为相似变换或保形变换。相似变换保持直线夹角不变,按照相同的比例改变距离。如果仿射矩阵具有如下形式,仿射变换就是相似变换:

$$\boldsymbol{T}=\begin{bmatrix} s\cos\theta & s\sin\theta & 0 \\ -s\sin\theta & s\cos\theta & 0 \\ b_1 & b_2 & 1 \end{bmatrix} \tag{6.4}$$

或

$$\boldsymbol{T}=\begin{bmatrix} s\cos\theta & s\sin\theta & 0 \\ s\sin\theta & -s\cos\theta & 0 \\ b_1 & b_2 & 1 \end{bmatrix} \tag{6.5}$$

具体而言,仿射变换的仿射矩阵和坐标变换可用下面的数学公式表示。

(1)缩放变换。

$$\boldsymbol{T}=\begin{bmatrix} s_x & 0 & 0 \\ 0 & s_y & 0 \\ 0 & 0 & 1 \end{bmatrix} \qquad \begin{cases} x=s_x w \\ y=s_y z \end{cases}$$

(2)旋转变换。

$$\boldsymbol{T}=\begin{bmatrix} \cos\theta & \sin\theta & 0 \\ \sin\theta & -\cos\theta & 0 \\ 0 & 0 & 1 \end{bmatrix} \qquad \begin{cases} x=w\cos\theta-z\sin\theta \\ y=w\cos\theta+z\sin\theta \end{cases}$$

(3)错切变换(水平)。

$$\boldsymbol{T} = \begin{bmatrix} 1 & 0 & 0 \\ \alpha & 1 & 0 \\ 0 & 0 & 1 \end{bmatrix} \quad \begin{cases} x = w + \alpha z \\ y = z \end{cases}$$

(4) 错切变换 (垂直)。

$$\boldsymbol{T} = \begin{bmatrix} 1 & \beta & 0 \\ 0 & 1 & 0 \\ 0 & 0 & 1 \end{bmatrix} \quad \begin{cases} x = w \\ y = \beta w + z \end{cases}$$

(5) 垂直反射变换。

$$\boldsymbol{T} = \begin{bmatrix} 1 & 0 & 0 \\ 0 & -1 & 0 \\ 0 & 0 & 1 \end{bmatrix} \quad \begin{cases} x = w \\ y = -z \end{cases}$$

(6) 平移变换。

$$\boldsymbol{T} = \begin{bmatrix} 1 & 0 & 0 \\ 0 & 1 & 0 \\ \delta_x & \delta_y & 1 \end{bmatrix} \quad \begin{cases} x = w + \delta_x \\ y = z + \delta_y \end{cases}$$

在 MATLAB 函数 maketform 中，采用'affine'参数可产生仿射变换结构。

6.2.3　投影变换

投影变换是另一种很有用的几何变换，仿射变换是投影变换的特殊形式。与仿射变换定义类似，采用辅助坐标，投影变换定义为

$$[x'\ y'\ h] = [w\ z\ 1] \begin{bmatrix} a_{11} & a_{12} & a_{13} \\ a_{21} & a_{22} & a_{23} \\ b_1 & b_2 & 1 \end{bmatrix} \tag{6.6}$$

式中，a_{13} 和 a_{23} 不为 0；$x = x'/h$；$y = y'/h$。通常，平行线经过投影变换不再保持平行。与仿射变换不同的是，辅助坐标 h 不再是常数。

图 6-2 所示为几种投影变换的示例。图 6-2 (a) 为棋盘格图像，图 6-2 (b) 为非投影相似变换的图像，图 6-2 (c) 为投影相似变换的图像，图中特别给出参考坐标，图 6-2 (d) 为仿射变换的图像，图 6-2 (e) 为投影变换的图像。在 MATLAB 函数 maketform 中，采用参数'projective'可产生仿射变换结构。

6.2.4　图像插值

图像几何变换需要计算每个坐标位置的输出像素值 $g(x_k, y_k) = f(w_k, z_k)$。而 $(w_k, z_k) = T^{-1}(x_k, y_k)$，即使 x_k、y_k 是整数，w_k、z_k 通常也不是整数。对数字图像而言，仅知道 f 在整数坐标位置的像素值，在非整数位置的像素值需要采用插值方法来计算。

(a)棋盘格图像

(b)非投影相似变换图像

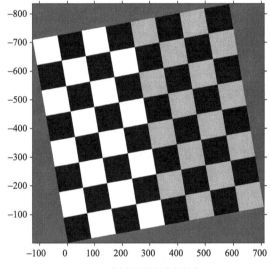

(c)投影相似变换图像

(d) 仿射变换图像

(e)投影变换图像

图 6-2　投影变换示例

插值方法比较多，二维插值方法有双线性插值、最近邻插值、双三次插值、样条插值等。图像处理中最常用的二维插值方法是将问题分解为一系列一维插值任务。使用一维插值序列进行二维插值的过程称为双线性插值。类似地，双三次插值是使用一维三次插值序列执行的二维插值。插值方法在计算速度和输出质量上有所不同，用于说明不同插值方法优缺点的经典测试是重复旋转。

6.2.5　图像配准

图像配准是将同一场景的两幅或多幅图像"对齐"的过程，它是图像几何变换重要的应用之一。在图像配准过程中，将一幅图像指定为参考图像，也称为固定图像，并对其他图像应用几何变换或局部位移，使其与参考图像对齐。待配准图像可以是在不同时间用同一种成像设备或仪器拍摄的同一场景图像，也可以是在同一时间用不同的成像设备或仪器拍摄的同一场景图像。例如，卫星采用不同的成像传感器，对地球上同一个地方同时进行成像，一幅图像是高分辨率的全色可见光图像，其他图像则是低分辨率的多谱图像。

图像配准通常用作其他图像处理应用的初始步骤。例如，使用图像配准将卫星图像或使用不同诊断模式获取的医学图像对齐。图像配准能够比较不同图像中的常见特征。例如，河流是如何迁移的，某个区域是如何被淹没的，或者在磁共振成像(MRI)或单光子发射计算机断层成像(SPECT)的图像中是否可以看到肿瘤。

图像配准过程包括四个基本步骤：检测特征、匹配特征、推断几何变换、用几何变换将一幅图像与另一幅图像"对齐"。图像特征可以是图像中的点、线、角点等。图像配准可以用手动配准或自动配准方法实现，取决于特征检测和匹配是用人工辅助的算法还是自动的算法。从匹配的特征对集合中，可以推断出一个几何变换函数，该函数将一幅图像中的特征映射到另一幅图像的匹配特征位置。图像配准采用的几何变换可以是全局的变换，如仿射变换。在复杂的情况下，仅用一个特征映射函数不能实现整个图像的配准，需要用多个局部的几何变换实现整个图像的配准。

另一种图像配准方法不同于采用特征选择和匹配的配准方法，是基于区域的图像配准。在基于区域的图像配准中，一个图像称为模板图像，配准时移动模板图像覆盖在另一个图像的每一个位置上，计算每一个位置上两个图像的相似度(通常用归一化互相关或互相关系数来度量相似度)。

目前已有多种完全自动的图像配准方法。其中，广泛采用的方法是，首先用特征检测器(如 Harris 角点检测器)在两幅图像中选择大量的潜在可匹配特征点；其次根据特征匹配测度，计算初始可能的匹配对；最后用随机样本一致(RANSAC)迭代方法进行精确配准。

MATLAB 图像处理工具箱提供了三种图像配准实现方法：交互式配准估计器应用程序(Registration Estimator App)、基于亮度的自动图像配准(Intensity-Based Automatic Image Registration)和控制点配准(Control Point Registration)。另外，计算机视觉工具箱提供了自动特征检测和匹配(Automated Feature Detection and Matching)的图像配准实现方法。在 MATLAB 图像处理工具箱中，cpselect 函数用于手动选择特征和匹配，cp2tform

函数用于推断几何变换参数。

6.3 相关的 MATLAB 函数

6.3.1 几何变换函数

1. 图像剪裁函数 imcrop

函数 imcrop 用于对图像进行交互式剪裁,其使用方法说明如下。

(1) f = imcrop,在当前图形窗口中显示的图像上创建交互式剪裁工具。

(2) g = imcrop(f),在图形窗口中显示图像 f,并在图像上创建交互式剪裁工具。

(3) g = imcrop(f, rect),根据 rect 指定的矩形大小剪裁图形,rect=[xmin ymin width height]。

2. 图像缩放函数 imresize

函数 imresize 按照指定的比例或行数与列数,对图像进行放大或缩小,其使用方法说明如下。

(1) g = imresize(f, sacle),用默认的双三次(Bicubic)插值法,根据参数 scale 指定的比例,对输入图像进行放大或缩小。scale 小于 1 缩小图像,大于 1 则放大图像。

(2) g = imresize(f, [numrows numcols]),根据指定输出图像的大小(行数和列数),对输入图像进行放大或缩小。

(3) g = imresize(f, sacle, interp),用参数 interp 指定的插值方法,根据参数 scale 指定的比例,对输入图像进行缩放。

(4) g = imresize(f, [numrows numcols], interp),参数 interp 指定插值方法,interp 可以是 'nearest'、'bilinear'、'bicubic',分别表示最近邻插值、双线性插值、双三次插值。

3. 图像旋转函数 imrotate

函数 imrotate 用于将图像旋转指定大小的角度,其使用方法说明如下。

g = imrotate(f, angle, interp, bbox),参数 angle 指定旋转角度;参数 interp 指定插值方法,默认值为'bicubic';参数 bbox 指定输出图像大小,bbox = 'crop'表示剪裁输出图像至与输入图像大小相同,此为默认值,bbox = 'loose'表示输出图像不剪裁,尺寸比输入图像大。

4. 图像平移函数 imtranslate

函数 imtranslate 用于将图像平移至指定位置,其使用方法说明如下。

g = imtranslate(f, translation, interp),参数 translation 是一个二元向量,指定水平方向和垂直方向的平移量,参数 interp 是插值方法,可以是'nearest'、'bicubic' 或'linear'(默认值)。

5. 图像高斯金字塔分解与扩展函数 impyramid

函数 impyramid 用于对图像进行高斯金字塔分解,可以减小或扩展图像,其使用方法说明如下。

g = impyramid(f, direction)，参数 direction 可以是'reduce'或'expand'。若输入图像 f 大小为 M×N，参数 direction = 'reduce'，则输出图像 g 的大小为 ceil(M/2)×ceil(N/2)；direction = 'expand'，则输出图像 g 的大小为(2M–1)×(2N–1)。

6. 图像几何变换函数 imwarp

函数 imwarp 将指定的几何变换用于输入图像，其使用方法说明如下。

g = imwarp(f, tform, interp)，将 tform 定义的几何变换用于输入图像 f，参数 interp 定义变换中采用的插值方法，默认值为'linear'。

7. 创建空间变换结构函数 maketform

函数 maketform 用于创建空间变换结构，其使用方法说明如下。

(1) T = maketform('affine', A)，创建一个 N 维仿射变换 tform 结构。A 表示一个大小为(N+1)×(N+1)或(N+1)×N 的非奇异实矩阵。矩阵 A 定义了一个正变换，若 A 大小是(N+1)×(N+1)，最后一列必须是[zeros(N,1);1]。若 A 大小是(N+1)×N，则 A 自动增广，增加最后一列[zeros(N,1);1]。T 包含正变换和逆变换。

(2) T = maketform('affine', U, X)，创建一个二维仿射变换 tform 结构，将 U 的每一行映射到 X 的每一行。U 和 X 大小均为 3×2，分别定义了输入三角形和输出三角形的角点，但这些角点不能共线。

(3) T = maketform('projective', A)，创建一个 N 维投影变换 tform 结构。矩阵 A 定义了一个正变换，A 是一个大小为(N+1)×(N+1)的非奇异实矩阵，且 A(N+1, N+1)不能为 0。

(4) T = maketform('projective', U, X)，创建一个二维投影变换 tform 结构，将 U 的每一行映射到 X 的每一行。U 和 X 大小均为 4×2，分别定义了输入四边形和输出四边形的角点，任何三个角点不能共线。

(5) T = maketform('custom', ndims_in, ndims_out, forward_fcn, inverse_fcn, tdata)，根据用户提供的函数句柄和参数创建用户定制的 tform 结构。ndims_in 和 ndims_out 分别为输入和输出的维数，forward_fcn 和 inverse_fcn 分别为正变换和逆变换的函数句柄，tdata 是一个数组，用于存储用户定制变换的参数。

(6) T = maketform('box',tsize,low,high)，创建一个 N 维仿射变换 tform 结构。tsize 是由正整数构成的 N 元向量，low 和 high 也是 N 元向量。变换将 ones(1, N)和 tsize 定义的输入盒子映射到 low 和 high 定义的输出盒子。

(7) T = maketform('composite', T_1, T_2,…, T_L)，创建一个组合变换 tform 结构。T 的正变换和逆变换由 T_1, T_2,…, T_L 的正变换和逆变换的功能组合，即 T = T_1∘T_2∘…∘T_L，小圆圈。表示多个变换的功能组合。用变换 T 时，最先用 T_L，最后用 T_1。

8. 空间几何变换正变换函数 tformfwd

函数 tformfwd 实现空间几何变换正变换，其使用方法说明如下。

[X, Y] = tformfwd(T, U, V)，用 tform 结构 T 中的正变换，将坐标点[U(k) V(k)]映射到[X(k) Y(k)]。

tforminv 函数实现空间几何变换逆变换，其使用方法如下。

[U, V] = tforminv (T, X, Y)，用 tform 结构 T 中的逆变换，将坐标点[X(k) Y(k)]映射到[U(k) V(k)]。

6.3.2　控制点配准函数

1. 几何变换拟合函数 fitgeotrans

函数 fitgeotrans 用控制点对拟合几何变换，其使用方法说明如下。

(1) tform = fitgeotrans(movingPoints, fixedPoints, transformationType)，根据参数 transformationType 指定的几何变换类型，用控制点对 movingPoints 和 fixedPoints 推断几何变换。movingPoints 是待变换图像控制点的 x 和 y 坐标，fixedPoints 是基图像控制点坐标。参数 transformationType 是指定几何变换类型的字符串，取值为'nonreflectivesimilarity'、'similarity'、'affine'、'projective'。

(2) tform = fitgeotrans(movingPoints, fixedPoints, 'polynomial', degree)，用控制点对 movingPoints 和 fixedPoints 拟合多项式几何变换，多项式的最高次数由参数 degree 指定，取值 2、3 或 4。

2. 控制点选择函数 cpselect

函数 cpselect 手动选择两个图像的控制点对，其使用方法说明如下。

cpselect(moving, fixed)，启动控制点选择工具 GUI，在两个相关图像间选择控制点。moving 是待匹配图像，fixed 是固定的参考图像。

3. 控制点位置微调函数 cpcorr

函数 cpcorr 采用互相关微调控制点位置，其使用方法说明如下。

movingPointsAdjusted = cpcorr(movingPoints, fixedPoints, moving, fixed)，用归一化互相关微调 movingPoints、fixedPoints 中的控制点对，返回调整后的控制点对。

4. 归一化二维互相关函数 normxcorr2

函数 normxcorr2 计算两个矩阵的归一化二维互相关系数，其使用方法说明如下。

C = normxcorr2(template, A)，计算矩阵 template 和 A 的互相关系数。矩阵 template 中的值不能完全相同，矩阵 A 必须大于矩阵 template。返回互相关系数值为-1.0~1.0。

5. 控制点对转换函数 cpstruct2pairs

函数 cpstruct2pairs 用于控制点对转换，其使用方法说明如下。

[movingPoints, fixedPoints] = cpstruct2pairs(CPSTRUCT)，将函数 cpselect 产生的控制点结构 CPSTRUCT 转换为有效的控制点对，消除不匹配的控制点和预测的控制点。

6. 空间几何变换推断函数 cp2tform

函数 cp2tform 用控制点对推断空间几何变换，其使用方法说明如下。

（1）TFORM = cp2tform（movingPoints,fixedPoints,transformtype），用控制点对 moving-Points 和 fixedPoints，根据指定的变换类型 transformtype，推断空间几何变换。

（2）TFORM = cp2tform（CPSTRUCT, transformtype），控制点对存储在 CPSTRUCT 结构中。

6.3.3　自动配准函数

1. 自动配准函数 imregister

函数 imregister 实现基于亮度的图像自动配准，其使用方法说明如下。

moving_reg = imregister（moving, fixed, transformType, optimizer, metric），对 2-D 或 3-D 图像 moving 进行几何变换，与参考图像 fixed 进行配准。参数 transformType 定义几何变换类型，字符串取值为'translation'、'rigid'、'similarity'、'affine'。参数 optimizer 定义优化方法，参数 metric 定义图像相似度量。

2. 图像配准优化和相似度量配置函数 imregconfig

函数 imregconfig 用于图像配准优化和相似度量配置，其使用方法说明如下。

[optimizer, metric] = imregconfig（modality），根据参数 modality 定义的图像获取模式，确定预定义的优化方法和相似度量。若两幅图像是用相同的设备拍摄，参数 modality 取值'monomodal'，否则取值'multimodal'。

3. 图像配准几何变换估计函数 imregtform

函数 imregtform 用于估计图像配准几何变换，其使用方法说明如下。

tform = imregtform（moving, fixed, transformType, optimizer, metric），根据待配准图像 moving、参考图像 fixed、几何变换类型 transformType、优化方法 optimizer 和相似度量 metric，产生几何变换的 tform 结构。

4. 相位相关方法估计几何变换的函数 imregcorr

函数 imregcorr 采用相位相关方法估计几何变换，其使用方法说明如下。

tform = imregcorr（moving, fixed, transformtype），根据待配准图像 moving、参考图像 fixed 和几何变换类型 transformtype，用相位相关方法估计几何变换的 tform 结构。参数 transformtype 取值为'similarity'（默认值）、'rigid'或'translation'。

5. 图像配准位移场估计函数 imregdemons

函数 imregdemons 用于估计图像配准位移场，其使用方法说明如下。

[D, moving_reg] = imregdemons（moving, fixed, N），根据待配准图像 moving、参考图

像 fixed 和迭代次数 N(默认值为 100),估计图像配准的位移场 D,其中每个像素位置的位移向量是由参考图像指向待配准图像。moving_reg 是待配准图像根据位移场 D 进行变换,并用线性插值法重采样后的图像。

6. 图像融合函数 imfuse

函数 imfuse 将两幅图像融合为一幅图像,其使用方法说明如下。

g = imfuse(f1, f2),创建图像 f1 和 f2 的复合图像 g。若 f1 和 f2 大小不同,则对较小的图像填充 0,使两幅图像大小一样。

7. 图像差别函数 imshowpair

函数 imshowpair 用于比较和显示两幅图像差别,其使用方法说明如下。

h = imshowpair(f1, f2, method),比较、显示图像 f1 和 f2 的差别。method 定义显示图像差别的方式,取值为'falsecolor'(默认值)、'blend'、'diff'和'montage'。输出参数 h 是图像句柄。若没有输出参数 h,则直接显示两幅图像的差别。

8. 自定义函数 visreg

除了函数 imshowpair 外,R.C.Gonzalez 等定义了函数 visreg 显示配准图像。函数 visreg 可以透明显示变换图像中超出边界的像素,防止遮挡另外一幅图像的像素。

6.3.4 基于区域的图像配准函数

基于区域的图像配准算法,有 Lucas-Kanade 算法和增强相关系数法(ECC)。Lucas-Kanade 算法用自定义函数 iat_LucasKanade 实现,ECC 算法用自定义函数 iat_ecc 实现,这两个函数均由 G.Evangelidis 和 P.Anatolitis 编写,它们的使用方法说明如下。

(1)[WARP] = iat_LucasKanade(IMAGE, TEMPLATE, PAR),实现 Lucas-Kanade 图像对齐的前向相加(forwards-additve)算法,计算用于输入图像的几何变换,通过变换得到类似于模板的图像。优化变换使得模板图像与变形图像之间的平方误差最小。输入:IMAGE,待变换的图像;TEMPLATE,目标图像;PAR,参数结构体。PAR.iterations 为算法迭代次数,默认值为 50 次;PAR.levels,多级分辨率,默认值为 1 级;PAR.transform,几何变换的类型,有效字符串有'translation'、'euclidean'、'affine'、'homography',默认值为'affine';PAR.initwarp,初始变换,默认值为 translation: zeros(2,1),euclidean: [eye(2) zeros(2,1)],affine: [eye(2) zeros(2,1)],homography: eye(3)。输出:WARP,最终估计的变换。

(2)[WARP, RHO] = IAT_ECC(IMAGE, TEMPLATE, PAR),实现 ECC 图像对齐算法的前向相加算法。优化变换使得目标图像与变形图像之间的增强相关系数最大。输入:IMAGE,待变换的图像;TEMPLATE,目标图像;PAR,参数结构体。PAR 各字段含义同上。输出：WARP，最终估计的变换；RHO，模板图像与最终变形图像之间的最终相关系数。

6.4　实　验　举　例

【例 6-1】　对图像进行伸缩、旋转、平移和剪裁变换。

```
f = imread('图6-3(a).jpg');
figure(1), imshow(f), title('印刷电路板图像')
f1 = imresize(f, 1.25); % 图像放大1.25倍
figure(2), imshow(f1), title('放大1.25倍的图像')
f2 = imresize(f, 0.5); % 图像缩小50%
figure(3), imshow(f2), title('缩小50%的图像')
f3 = imrotate(f, 35, 'bilinear'); % 图像逆时针旋转35°，采用双线性插值
figure(4), imshow(f3), title('逆时针旋转35°的图像')
% 图像右移15个像素，下移25个像素，完整显示平移图像
f4 = imtranslate(f, [15, 25], 'OutputView', 'full');
figure(5), imshow(f4), title('平移的图像')
f5 = imcrop(f, [60 40 100 90]); % 根据定义的矩形框剪裁图像，矩形框左上角顶点坐
                                % 标为[60 40]，宽和高分别为100和90个像素
figure(6), imshow(f5), title('剪裁的图像')
```

运行上述 MATLAB 代码，结果如图 6-3 所示。图 6-3(a) 为印刷电路板图像，图 6-3(b)～(f) 分别为放大 1.25 倍的图像、缩小 50% 的图像、逆时针旋转 35° 的图像、平移的图像、剪裁的图像。注意观察 MATLAB 工作空间各变换图像变量的尺寸变化。因为图形窗口对很大的图像在显示时会自动压缩，因此显示图像不一定能反映真实的图像大小。

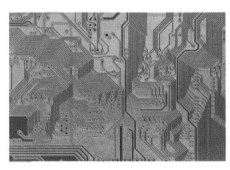

(a)印刷电路板图像

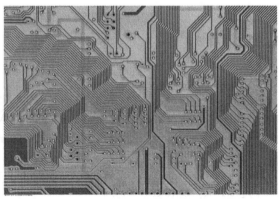

(b)放大 1.25 倍的图像

(c)缩小 50%的图像　　　　　　　　　　(d)逆时针旋转 35° 的图像

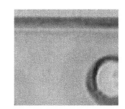

(e)平移的图像　　　　　　　　　　(f)剪裁的图像

图 6-3　图像的伸缩、旋转、平移和剪裁变换

【例 6-2】　基于亮度自动配准磁共振(MRI)医学图像。

```
%% 加载、显示图像
fixed = dicomread('knee1.dcm'); % 读入参考图像
moving = dicomread('knee2.dcm'); % 读入待匹配图像
figure, imshowpair(moving, fixed, 'montage'); % 以蒙太奇方式显示
title('未配准图像');
figure, imshowpair(moving, fixed) % 以重叠方式显示
title('未配准图像')

%% 开始初步配准图像
[optimizer, metric] = imregconfig('multimodal'); % 设置优化方法和相似度量
```

```
movingRegisteredDefault = imregister(moving, fixed, 'affine', optimizer,
metric); % 图像配准
    figure, imshowpair(movingRegisteredDefault, fixed); % 显示初步配准图像
    title('初步配准图像')


%% 改进配准
disp(optimizer) % 显示优化器特性
disp(metric) % 显示相似度量特性
% 优化器改进，减小初始半径
optimizer.InitialRadius = optimizer.InitialRadius/3.5;
    movingRegisteredAdjustedInitialRadius = imregister(moving, fixed, 'affine',
optimizer, metric); % 一次改进配准
% 显示调整初始半径后的配准图像
    figure, imshowpair(movingRegisteredAdjustedInitialRadius, fixed);
    title('一次改进配准图像')
optimizer.MaximumIterations = 300; % 调整优化器最大迭代次数
    movingRegisteredAdjustedInitialRadius300 = imregister(moving, fixed, 'affine',
optimizer, metric); % 二次改进配准
% 显示三次图像
    figure, imshowpair(movingRegisteredAdjustedInitialRadius300, fixed);
    title('二次改进配准图像')


%% 利用初始条件改进图像配准
    tformSimilarity = imregtform(moving, fixed, 'similarity', optimizer,
metric);
    Rfixed = imref2d(size(fixed)); % 参考图像坐标由MATLAB默认坐标系转换为世界坐标系
    movingRegisteredRigid = imwarp(moving, tformSimilarity, 'OutputView',
Rfixed);
    figure, imshowpair(movingRegisteredRigid, fixed);
    title('基于相似变换模型的配准图像');
    movingRegisteredAffineWithIC = imregister(moving, fixed, 'affine',
 optimizer, metric, ... 'InitialTransformation', tformSimilarity);
    figure
    imshowpair(movingRegisteredAffineWithIC, fixed);
    title('基于相似初始条件的仿射模型配准图像');
```

运行上述 MATLAB 代码，结果如图 6-4 所示。图 6-4(a)为分开显示未经配准的两个图像，图 6-4(b)为用伪彩色重叠显示的未配准图像，可以清晰地看到配准前两个图像的差别。图 6-4(c)为初步配准的结果，图 6-4(d)、(e)分别为经过一次改进、二次改进的配准结果。图 6-4(f)为根据相似变换模型进行配准的结果，图 6-4(g)为基于相似初始条件的仿射变换配准结果。

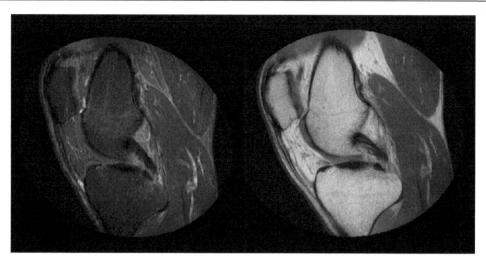

(a)未配准图像(两图像分开显示)

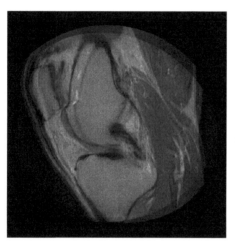

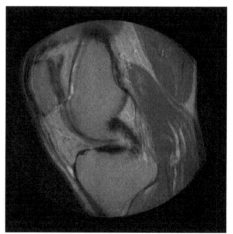

(b)未配准图像(用伪彩色显示两图像差别)　　　　(c)初步配准图像

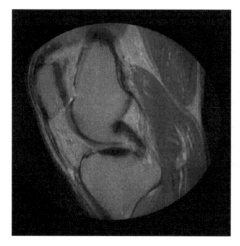

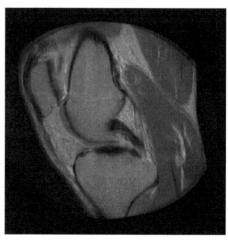

(d)一次改进配准图像(减小优化器初始半径)　　(e)二次改进配准图像(减小初始半径,最大迭代次数 300 次)

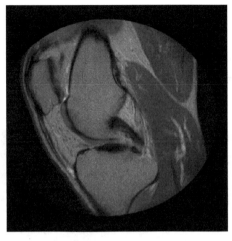
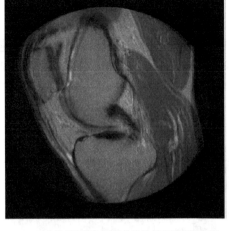

图 6-4

(f)基于相似变换模型的配准图像　　　　　　　(g)基于相似初始条件的仿射模型配准图像

图 6-4　MRI 医学图像自动配准实验

习　　题

6-1　基于控制点的图像配准实验。

图题 6-1 为 MATLAB 软件平台使用的两幅图像。其中，图题 6-1(a)为用于配准的模板图像，图题 6-1(b)为待配准的图像。学习使用控制点选择工具 cpselect，对两幅图像手动进行控制点配准。

(a)模板图像　　　　　　　　　　　　　(b)待配准图像

图题 6-1　用于控制点配准的图像

6-2　基于区域的图像配准实验。

复兴号列车是我国自行设计建造的高速动车组。图题 6-2(a)为复兴号动车组停靠高铁车站的图像。图题 6-2(b)为经过顺时针旋转 20° 和剪裁的图像。试用 Lucas-Kanade 算法和增强相关系数法(ECC)分别对两幅图像进行配准。

　　　(a)复兴号动车组停靠高铁车站的图像　　　　　　　　(b)顺时针旋转 20°和剪裁的图像

图题 6-2　用于区域配准的图像

第7章 彩色图像处理实验

7.1 实 验 目 的

彩色图像处理的应用领域很广泛。本章实验目是通过实验让学生熟悉颜色在图像处理中的应用和常用的颜色模型，这些模型在图像处理中是有效的，并且为这一领域的进一步研究提供了良好的基础；掌握彩色图像的表示方法、彩色图像处理的基本方法，尤其是将颜色矢量处理技术用于彩色图像滤波，包括中值滤波器和其他排序滤波器、自适应滤波器和形态学滤波器等，用于图像恢复和图像压缩等；学会使用 MATLAB 图像处理工具箱和自定义函数来实现这些彩色图像处理的方法，提高在 MATLAB 软件平台上编程实现彩色图像处理算法的能力。

7.2 彩色图像表示与彩色空间转换

7.2.1 彩色图像表示

1. RGB 图像

一个 RGB 彩色图像用一个 $M \times N \times 3$ 三维数组表示，每个彩色像素值由红(R)、绿(G)、蓝(B)三个值组成，可以把 RGB 彩色图像视为由 **R**、**G**、**B** 三个颜色矩阵构成，每个矩阵的大小为 $M \times N$。在 MATLAB 中，若 f 是 RGB 彩色图像，则 $f_1 = f(:,:,1)$ 为红色像素矩阵，$f_2 = f(:,:,2)$ 为绿色像素矩阵，$f_3 = f(:,:,3)$ 为蓝色像素矩阵。

2. 索引图像

在 MATLAB 中，索引图像由两部分组成：整数值数据矩阵 **X**，彩色映射矩阵(颜色表)map。如果索引图像的颜色数为 L，那么颜色表 map 就是一个 $L \times 3$ 的矩阵，每一行代表一种颜色，三列分别表示 R、G、B 三个颜色分量，颜色值用[0,1]范围内的双精度浮点数表示。索引图像每个像素的颜色值，直接用其整数值对颜色表进行索引得到。颜色表和索引图像存放在一起，显示图像时，它和图像同时加载。有时，可以用更少的颜色近似表示索引图像。

MATLAB 提供了基本颜色和一些预定义颜色。表 7-1 给出了黑色、蓝色、绿色、青色、红色、品红色、黄色和白色八种基本颜色的长名和短名，以及对应的 RGB 值。在 MATLAB 程序中，用单引号引起来的长名或短名可以代表基本颜色的 RGB 值。表 7-2 给出了 17 种预定义的颜色，包括以春夏秋冬四季名字命名的颜色，还有粉红色、灰色、白色等。

表 7-1　基本颜色的 RGB 值

长名	短名	RGB 值	长名	短名	RGB 值
Black	k	[0 0 0]	Red	r	[1 0 0]
Blue	b	[0 0 1]	Magenta	m	[1 0 1]
Green	g	[0 1 0]	Yellow	y	[1 1 0]
Cyan	c	[0 1 1]	White	w	[1 1 1]

表 7-2　预定义颜色

颜色函数	说明
autumn	颜色从红色，经过橘色，平滑过渡到黄色
bone	蓝色分量较大的灰度颜色表
colorcube	包含尽可能多的 RGB 彩色空间等间距的颜色，同时提供更多的灰度等级，纯红、纯绿、纯蓝
cool	包含从青色(cyan)到紫红色(magenta)平滑变化的颜色层级
copper	颜色从黑色到亮铜色平滑变化
flag	包含红、绿、蓝三种颜色和黑色
gray	返回线性灰度颜色表
hot	从黑色经过红色、橘色和黄色，平滑变化到白色
hsv	改变 HSV 模型的色度分量，从红色开始，经过黄色、绿色、青色、蓝色、紫红色、回到红色
jet	从蓝色开始，经过青色、黄色和橘色，变化到红色
lines	产生坐标轴属性 ColorOrder 指定的颜色表
pink	粉红色(pink)的柔和渐变
prism	重复红色、橘色、黄色、绿色、蓝色和紫色六种颜色
spring	包含紫红色和黄色的渐变颜色
summer	包含绿色和黄色的渐变颜色
winter	包含紫蓝色和绿色的渐变颜色
white	全白的单色颜色表

7.2.2　彩色空间

在彩色图像的显示或存储中，一般都是采用 RGB 彩色空间(也称为 RGB 模型)表示彩色图像的颜色。除了 RGB 彩色空间，在某些图像处理应用中采用另外的彩色空间更为方便。这些彩色空间主要有 NTSC、YCbCr、HSV、CMY、CMYK、HSI 等彩色空间。MATLAB 图像处理工具箱提供了在这些彩色空间之间进行相互转换的函数。

1. RGB 彩色空间

在 RGB 彩色空间中，颜色用红色(R)、绿色(G)和蓝色(B)三种基色的不同组合来表示。一个 24bit 彩色图像，R、G、B 各用 8bit 表示，最多可表示的颜色数目为 $(2^8)^3 = 2^{24} = 16777216$ 种。RGB 彩色空间可以用彩色立方体表示，如图 7-1 所示。三个坐

标分别是 R、G 和 B，坐标原点 $(0, 0, 0)$ 对应黑色，立方体上坐标为 $(1, 1, 1)$ 的顶点对应白色，连接黑色与白色的线段上的颜色为灰色。彩色立方体的其余六个顶点分别是基色（红色、绿色、蓝色）和辅色（青色、品红、黄色）。

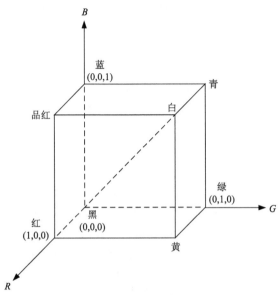

图 7-1　RGB 彩色立方体

2. NTSC 彩色空间

NTSC 彩色空间用于模拟电视，它的一个优点是灰度信息与颜色数据分开，使得同样的信号既可用于彩色电视机，也可用于单色电视机。NTSC 空间中图像数据由三个分量组成：亮度 Y、色度 I、饱和度 Q。它与 RGB 彩色空间的转换关系如下。

$$\begin{bmatrix} Y \\ I \\ Q \end{bmatrix} = \begin{bmatrix} 0.299 & 0.587 & 0.114 \\ 0.596 & -0.274 & -0.322 \\ 0.211 & -0.523 & 0.312 \end{bmatrix} \begin{bmatrix} R \\ G \\ B \end{bmatrix} \tag{7.1}$$

3. YCbCr 彩色空间

YCbCr 彩色空间广泛用于数字视频领域。在 YCbCr 彩色空间中，图像数据包括三个分量：亮度 Y、两个色差分量 Cb（蓝色分量与蓝色参考值的差）和 Cr（红色分量与红色参考值的差）。YCbCr 彩色空间与 RGB 空间的转换关系如下。

$$\begin{bmatrix} Y \\ Cb \\ Cr \end{bmatrix} = \begin{bmatrix} 16 \\ 128 \\ 128 \end{bmatrix} + \begin{bmatrix} 65.481 & 128.553 & 24.966 \\ -37.797 & -74.203 & 112.000 \\ 112.000 & -93.786 & -18.214 \end{bmatrix} \begin{bmatrix} R \\ G \\ B \end{bmatrix} \tag{7.2}$$

4. HSV 彩色空间

HSV 彩色空间图像数据由色度（Hue）、饱和度（Saturation）和明度（Value）三个分量组

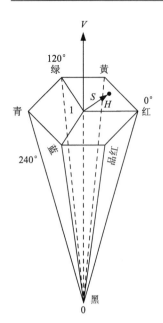

图 7-2　HSV 六棱锥体模型

成。它是根据颜色的直观特性，由 Smith A R 在 1978 年创建的一种彩色空间，也称六角锥体模型（Hexcone Model）。

HSV 彩色空间可以从 RGB 彩色立方体得到：沿着彩色立方体灰度轴（连接黑色和白色顶点的轴线）观察，可以得到一个六边形的调色板，从白色向黑色推进，垂直于灰度轴的六边形调色板面积会变小，最终得到一个六棱锥，如图 7-2 所示。色度 H 用角度表示，红色为 0°，绿色为 120°，蓝色为 240°。饱和度 S 用锥体内一个颜色点到 V 轴的距离表示。明度是沿 V 轴的值大小，V=0 表示黑色，V=1 表示白色。

5. CMY 和 CMYK 彩色空间

对白光来说，青色（Cyan）、品红色（Magenta）、黄色（Yellow）是辅色，但却是颜料调色板的主色。打印机、复印机等需要将彩色颜料沉淀在纸上的设备都需要 CMY 数据输入。CMY 彩色空间与 RGB 彩色空间的转换关系如下。

$$\begin{bmatrix} C \\ M \\ Y \end{bmatrix} = \begin{bmatrix} 1 \\ 1 \\ 1 \end{bmatrix} - \begin{bmatrix} R \\ G \\ B \end{bmatrix} \tag{7.3}$$

从理论上说，等量的青色、品红和黄色颜料混合应该产生黑色，但实际结果并非如人们所期望的那样。由于黑色是打印机产生的主要颜色，为了在纸张上再现纯黑色，在 CMY 颜色空间基础上增加一个颜色，即黑色（用 K 表示），得到 CMYK 彩色空间。

6. HSI 彩色空间

除了 HSV 彩色空间，上述彩色空间都不适合根据人们的认知来描述彩色。当人们看一个彩色物体时，习惯于用色度、饱和度和亮度（Brightness）来描述物体。色度是描述颜色纯度的属性，饱和度是纯彩色被白光稀释的程度，亮度是不可实际测量的主观描述。亮度体现了非彩色的强度（Intensity）概念，是描述颜色感觉的关键因素之一。HSI（Hue、Saturation、Intensity）彩色空间就是根据人们对彩色物体的认知来描述彩色的，它将彩色图像的强度分量与彩色信息分离开来。HSI 彩色空间是根据自然和直观的彩色描述方式来研究图像处理算法的理想工具。虽然 HSV 彩色空间与 HSI 颜色空间有点相似，但 HSV 彩色空间着重于用艺术家的调色板来理解彩色表现。

HSI 彩色空间可以从 RGB 彩色空间得到。在 RGB 彩色立方体上，白色顶点与黑色原点的连线上的点都具有灰度值。从白色顶点向黑色原点看去，可以看到与灰度轴垂直的六边形平面，如图 7-3 所示。六边形的顶点分别是三个基色（红色、绿色、蓝色）及三个辅色（黄色、青色和品红色）。HSI 彩色空间的色度 H 用角度表示，红色顶点与六边形中心点的连线为参考线。六边形内任一彩色点的色度是该点与中心点连线与参考线的夹

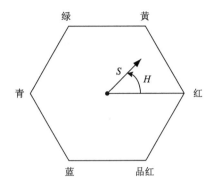

图 7-3　HSI 彩色空间

角，饱和度 S 是该点与中心点的距离，强度 I 是彩色点所在的六边形平面中心点到 RGB 彩色立方体原点的距离。三个基色和三个辅色的色度分别为：红色 $0°$，绿色 $120°$，蓝色 $240°$，黄色 $60°$，青色 $180°$，品红 $300°$。由于它们都是纯色，饱和度均为 1。强度最大值为 1(白色)，最小值为 0(黑色)。RGB 彩色立方体内，白色顶点、黑色顶点(原点)和一个彩色顶点的连线构成一个三角形平面，该平面内任一彩色点的色度与彩色顶点色度相同。

RGB 彩色空间与 HSI 彩色空间的转换关系如下。

1) 从 RGB 到 HSI 的转换

$$H = \begin{cases} \theta & (B \leqslant G) \\ 360° - \theta & (B > G) \end{cases} \tag{7.4}$$

式中，

$$\theta = \cos^{-1}\left\{ \frac{[(R-G)+(R-B)]/2}{[(R-G)^2+(R-B)(G-B)]^{1/2}} \right\}$$

$$S = 1 - \frac{3}{R+G+B} \cdot [\min(R,G,B)] \tag{7.5}$$

$$I = \frac{R+G+B}{3} \tag{7.6}$$

假定 RGB 颜色值已经归一化到[0,1]范围，上面计算的饱和度和强度则已经在[0,1]范围，通过除以 360，色度也可以归一化到[0,1]范围。

2) 从 HSI 到 RGB 的转换

如果色度已经归一化到[0,1]范围，则变换前可以乘 360°，使其变换到[0°,360°]范围。从 HSI 彩色空间到 RGB 彩色空间的转换需要分三个扇区(Sector)进行。

(1) RG 扇区 ($0° \leqslant H < 120°$)。

$$R = I\left[1 + \frac{S\cos H}{\cos(60° - H)}\right] \tag{7.7}$$

$$G = 3I - (R+B) \tag{7.8}$$

$$B = I(1-S) \tag{7.9}$$

（2）GB 扇区$（120° \leqslant H < 240°）$。

先从色度减去$120°$，$H = H - 120°$，再进行下面的计算。

$$R = I(1 - S) \tag{7.10}$$

$$G = I\left[1 + \frac{S\cos H}{\cos(60° - H)}\right] \tag{7.11}$$

$$B = 3I - (R + G) \tag{7.12}$$

（3）BR 扇区$（240° \leqslant H < 360°）$。

先从色度减去$240°$，$H = H - 240°$，再进行下面的计算。

$$R = 3I - (G + B) \tag{7.13}$$

$$G = I(1 - S) \tag{7.14}$$

$$B = I\left[1 + \frac{S\cos H}{\cos(60° - H)}\right] \tag{7.15}$$

7.2.3 独立于设备的彩色空间

前面讨论的几种彩色空间都是与设备有关的。例如，RGB 彩色的表现会随显示器和扫描仪而改变，CMYK 彩色与打印机、墨水和纸张的特性有关。彩色成像系统需要彩色一致性和高质量彩色再现，但在不可控的开放环境中是难以做到的。因此，需要独立于设备的彩色空间。

1. CIE 彩色空间家族

在独立于设备的彩色空间中，应用最为广泛的是 1931 年国际照明委员会（CIE）提出的 CIE XYZ 彩色空间。色度和饱和度合称为色品（Chromaticity），因此可以说，一个颜色是用色品和亮度表征的。用于构成某个颜色的 R、G、B 数量称为三色刺激值（Tristimulus Values），分别用 X、Y、Z 表示。因此，一个颜色可以用它的三原色系数 x, y, z 确定。

$$x = \frac{X}{X + Y + Z} \tag{7.16}$$

$$y = \frac{Y}{X + Y + Z} \tag{7.17}$$

$$z = \frac{Z}{X + Y + Z} = 1 - x - y \tag{7.18}$$

由三原色系数的定义可知

$$x + y + z = 1 \tag{7.19}$$

图 7-4 所示为 CIE 色度图，它是 x 和 y 的函数。图上给出了 CIE 定义的 RGB 值位置及其表示的颜色范围。色度图上任意两点的连线，确定了这两点颜色的不同组合所能产生的颜色变化范围。同样，色度图上任意三点之间的连线构成的三角形边界及其内部，确定了这三点颜色的不同组合所能产生的颜色变化范围。但是，任何三点构成的三角形都不能包含整个色度图，说明并非色度图上任意一点的颜色都能由固定的三个颜色组合

产生。

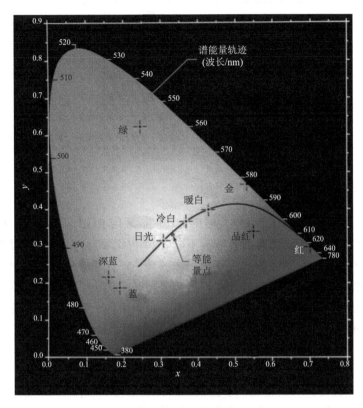

图 7-4

图 7-4　CIE 色度图

在 CIE XYZ 彩色空间中，Y 特别用作亮度的度量。由 Y 和三色系数值 x 和 y 构成的彩色空间称为 CIE xyY 彩色空间。X 和 Z 三基色刺激值可以用 Y、x 和 y 来计算。

$$X = \frac{Y}{y} \cdot x \tag{7.20}$$

$$Z = \frac{Y}{y} \cdot z = \frac{Y}{y} \cdot (1 - x - y) \tag{7.21}$$

除了 XYZ 彩色空间外，CIE 独立于设备的彩色空间家族中还有 $L^*a^*b^*$ 等适合不同用途的彩色空间，见表 7-3。1976 年提出的 $L^*a^*b^*$ 彩色空间广泛用于颜色科学、创新艺术、彩色设备(打印机、摄像机、扫描仪等)设计中，与 XYZ 彩色空间相比，它具有两个突出的优点：一是 $L^*a^*b^*$ 彩色空间把灰度信息(用 L^* 表示)和彩色信息(用 a^* 和 b^* 表示)完全分离开来；二是 $L^*a^*b^*$ 彩色空间中颜色之间的欧式距离恰好与人眼感知的颜色差相对应，因此，可以说 $L^*a^*b^*$ 彩色空间具有感知一致性，也可以说 L^* 的大小与人眼感知的亮度是线性相关的。

表 7-3　独立于设备的 CIE 彩色空间

彩色空间名称	说明
XYZ	1931 年提出的第一个 CIE 彩色空间规范
xyY	CIE 彩色空间规范，具有归一化色品值。与 XYZ 规范一样，Y 表示照度
uvL	CIE 彩色空间规范，视觉上色平面更均匀。L 为照度，与 XYZ 中的 Y 一样
u'v'L	CIE 彩色空间规范，重新调整了 u 和 v 值，改进了色平面的均匀性。
L*a*b*	CIE 彩色空间规范，视觉上照度更均匀。L*是 L 的非线性伸缩，归一化到白色参考点
L*ch	CIE 彩色空间规范，色彩浓度 c 和色度 h 是 L*a*b*规范中 a*和 b*对应的极坐标变换值

2. sRGB 彩色空间

sRGB 彩色空间的诞生与互联网发展密切相关。采用 RGB 彩色空间，同样的颜色在不同的计算机系统上显示出来可能有明显不同。20 世纪 90 年代，网页设计者们发现无法准确预知，所设计的网页上的一幅彩色图像的颜色，在用户的浏览器上显示出来是什么样的。为了解决上述问题，微软公司和惠普公司联合提出了一种新的彩色空间标准，称为 sRGB 彩色空间。sRGB 标准设计与 CRT 显示器特性一致，适应常见的家庭和办公计算机的观看环境。sRGB 彩色空间是计算机工业界广泛认可的标准。

3. CIE 与 sRGB 彩色空间的转换

MATLAB 图像处理工具箱提供了函数 makecform 与 applycform，可以方便实现几种独立于设备的彩色空间之间的相互转换，转换类型见表 7-4。

表 7-4　独立于设备的彩色空间转换

makecform 函数中的类型	对应的彩色空间类型	makecform 函数中的类型	对应的彩色空间类型
'lab2lch', 'lch2lab'	L*a*b*和 L*ch	'upvpl2xyz', 'xyz2upvpl'	u'v'L 和 XYZ
'lab2srgb', 'srgb2lab'	L*a*b*和 sRGB	'uvl2xyz', 'xyz2uvl'	uvL 和 XYZ
'lab2xyz', 'xyz2lab'	L*a*b*和 XYZ	'xyl2xyz', 'xyz2xyl'	xyY 和 XYZ
'srgb2xyz', 'xyz2srgb'	sRGB 和 XYZ		

4. ICC 彩色配置文件

在一般应用中，可能会遇到这样的情况，在计算机显示器上显示的文档颜色与打印机打印出来的颜色看起来是不同的，或者一个文档在不同的打印机上打印出来的颜色也是不同的。为了使得颜色在不同输入、输出和显示设备上高质量再现出来，任意两种设备之间都需要一个颜色变换，把颜色从一种设备变换到另一种设备，除了价格非常昂贵的高端系统，这样的颜色变换方法对大多数设备是难以承受的。

1993 年建立的国际色彩联盟(International Color Consortium，ICC)，提出了一个标准化的方法。每种设备有相关的两个变换，一个变换将设备颜色变换为标准的独立于设备的彩色空间,称为配置文件连接空间(Profile Connection Space, PCS),另一个则做反变换,将 PCS 颜色变换到设备颜色。PCS 可以是 XYZ 彩色空间或 L*a*b*彩色空间。这两个颜色变换构成了 ICC 色彩配置文件(ICC Color Profiles)。ICC 色彩配置文件标准包含一个关键的颜色变换步骤——色域映射(Gamut Mapping),将一个设备所能再现的颜色范围(色域)变换到另一个设备的色域。ICC 色彩配置文件标准定义了 4 种渲染意图:①可感知(Perceptual),优化色域映射,达到最美观的结果;②绝对色度(Absolute Colorimetric),将色域外的颜色映射到最近的色域表面,保持色域内颜色关系,相对于完美扩散器(Perfect Diffuser)渲染颜色;③相对色度(Relative Colorimetric),相对于设备或输出媒介的白色点渲染颜色;④饱和度(Saturation)优先,最大化设备颜色的饱和度,可能的代价是色调改变,只适用于简单图形或图表,而不适用于图像。MATLAB 图像处理工具箱提供了 makecform 函数和 applycform 函数实现不同颜色渲染意图的色域映射。

7.3　彩色图像处理基础

虽然灰度图像处理的一些方法可以直接用于彩色图像处理中,但彩色图像也需要一些完全不同的处理方法,如彩色变换(也称为彩色映射)、单个彩色平面的空间处理、彩色矢量处理等。

7.3.1　彩色变换

彩色变换也称为彩色映射,可以用式(7.22)表示。

$$s_i = T_i(r_i) \quad (i = 1, 2, \cdots, n) \tag{7.22}$$

式中,r_i 和 s_i 分别为输入图像和输出图像的彩色分量;T_i 为全彩色变换(映射)函数;n 为彩色空间维度,一般 $n = 3$。若 $r_1 = r_2 = r_3 = r$,则式(7.22)可将图像灰度值映射为任意彩色,此时的变换称为伪彩色变换或伪彩色映射。彩色变换函数通常需要通过交互方式确定,选择变换函数图形控制点,用线性插值法或样条插值法得到变换函数。根据彩色变换结果,适当调整控制点,再进行插值。R. C. Gonzalez 等编写的自定义函数 ice 可以完成常见的图像彩色变换功能。

7.3.2　彩色图像空间滤波

彩色图像空间滤波与灰度图像空间滤波类似,它包括彩色图像平滑和彩色图像锐化。

1. 彩色图像平滑

RGB 彩色图像上某一点 (x, y) 彩色矢量为

$$\boldsymbol{c}(x, y) = \begin{bmatrix} c_R(x, y) \\ c_G(x, y) \\ c_B(x, y) \end{bmatrix} = \begin{bmatrix} R(x, y) \\ G(x, y) \\ B(x, y) \end{bmatrix} \tag{7.23}$$

设 S_{xy} 是以点 (x,y) 为中心的邻域像素集合,则 RGB 彩色矢量平均为

$$\bar{c}(x,y) = \frac{1}{K}\sum_{(s,t)\in S_{xy}} c(s,t) = \begin{bmatrix} \dfrac{1}{K}\sum_{(s,t)\in S_{xy}} R(s,t) \\ \dfrac{1}{K}\sum_{(s,t)\in S_{xy}} G(s,t) \\ \dfrac{1}{K}\sum_{(s,t)\in S_{xy}} B(s,t) \end{bmatrix} \qquad (7.24)$$

彩色图像平滑通常包括三个步骤:首先提取彩色图像的各个颜色分量(如 R、G、B 分量),然后对彩色图像的每个颜色分量进行滤波,最后用滤波后的彩色分量重构彩色图像。

2. 彩色图像锐化

彩色图像锐化方法与彩色图像平滑类似,不同的是用锐化滤波器取代平滑滤波器。考虑对 RGB 彩色图像进行 Laplacian 锐化处理,可用式(7.25)表示。

$$\nabla^2[c(x,y)] = \begin{bmatrix} \nabla^2 R(x,y) \\ \nabla^2 G(x,y) \\ \nabla^2 B(x,y) \end{bmatrix} \qquad (7.25)$$

7.3.3 RGB 矢量空间中的彩色图像处理

1. 彩色图像边缘检测

灰度图像 $f(x,y)$ 是一个二维函数,它在点 (x,y) 的梯度计算如下。

$$\nabla f = \begin{bmatrix} g_x \\ g_y \end{bmatrix} = \begin{bmatrix} \dfrac{\partial f}{\partial x} \\ \dfrac{\partial f}{\partial y} \end{bmatrix} \qquad (7.26)$$

幅度为

$$\nabla f = \left[g_x^2 + g_y^2 \right]^{1/2} = \left[\left(\frac{\partial f}{\partial x}\right)^2 + \left(\frac{\partial f}{\partial y}\right)^2 \right]^{1/2} \qquad (7.27)$$

相位为

$$\alpha(x,y) = \tan^{-1}\left(\frac{g_y}{g_x} \right) \qquad (7.28)$$

上述梯度定义只适用于二维函数。RGB 彩色图像是一个三维函数,它在 (x,y) 的梯度是 RGB 彩色矢量梯度。

设 r、g、b 分别为 RGB 彩色空间 R、G、B 方向的单位矢量,定义矢量 u 和 v

如下。

$$u = \frac{\partial R}{\partial x}\boldsymbol{r} + \frac{\partial G}{\partial x}\boldsymbol{g} + \frac{\partial B}{\partial x}\boldsymbol{b} \tag{7.29}$$

$$v = \frac{\partial R}{\partial y}\boldsymbol{r} + \frac{\partial G}{\partial y}\boldsymbol{g} + \frac{\partial B}{\partial y}\boldsymbol{b} \tag{7.30}$$

则矢量 $\boldsymbol{u}$ 和 $\boldsymbol{v}$ 的内积(点积)为

$$g_{xx} = \boldsymbol{u} \cdot \boldsymbol{u} = \boldsymbol{u}^{\mathrm{T}}\boldsymbol{u} = \left|\frac{\partial R}{\partial x}\right|^2 + \left|\frac{\partial G}{\partial x}\right|^2 + \left|\frac{\partial B}{\partial x}\right|^2 \tag{7.31}$$

$$g_{yy} = \boldsymbol{v} \cdot \boldsymbol{v} = \boldsymbol{v}^{\mathrm{T}}\boldsymbol{v} = \left|\frac{\partial R}{\partial y}\right|^2 + \left|\frac{\partial G}{\partial y}\right|^2 + \left|\frac{\partial B}{\partial y}\right|^2 \tag{7.32}$$

$$g_{xy} = \boldsymbol{u} \cdot \boldsymbol{v} = \boldsymbol{u}^{\mathrm{T}}\boldsymbol{v} = \frac{\partial R}{\partial x}\frac{\partial R}{\partial y} + \frac{\partial G}{\partial x}\frac{\partial G}{\partial y} + \frac{\partial B}{\partial x}\frac{\partial B}{\partial y} \tag{7.33}$$

可以证明，矢量 $\boldsymbol{c}(x,y)$ 变化率最大的方向(梯度方向)为

$$\theta(x,y) = \frac{1}{2}\tan^{-1}\left(\frac{2g_{xy}}{g_{xx} - g_{yy}}\right) \tag{7.34}$$

相应的梯度幅度为

$$F_\theta = \sqrt{[(g_{xx} + g_{yy}) + (g_{xx} - g_{yy})\cos 2\theta(x,y) + 2g_{xy}\sin\theta(x,y)]/2} \tag{7.35}$$

根据反正切的性质，有两个相差 π/2 的角度满足式(7.34)，但只有一个角度使 F_θ 最大，另一个角度使 F_θ 最小。梯度方向就是使 F_θ 最大的角度方向。

2. 彩色图像分割

图像分割是把图像划分为若干个不相重叠区域的过程。下面介绍 RGB 彩色矢量空间的图像区域分割。设 $\boldsymbol{m}$ 为一个彩色图像区域的平均彩色矢量，$\boldsymbol{z}$ 为 RGB 彩色空间中的一点。矢量 $\boldsymbol{z}$ 与 $\boldsymbol{m}$ 之间的欧氏距离 $D(\boldsymbol{z},\boldsymbol{m})$ 定义为

$$\begin{aligned}D(\boldsymbol{z},\boldsymbol{m}) &= [(\boldsymbol{z}-\boldsymbol{m})^{\mathrm{T}}(\boldsymbol{z}-\boldsymbol{m})]^{1/2}\\&= [(z_R - m_R)^2 + (z_G - m_G)^2 + (z_B - m_B)^2]^{1/2}\end{aligned} \tag{7.36}$$

若 D 小于给定的门限值 T，则矢量 $\boldsymbol{z}$ 与矢量 $\boldsymbol{m}$ 相似，RGB 彩色空间中的点 $\boldsymbol{z}$ 属于矢量 $\boldsymbol{m}$ 表示的彩色区域。矢量 $\boldsymbol{z}$ 与 $\boldsymbol{m}$ 之间的距离还可以用 Mahalanoibis 距离来计算。

$$D(\boldsymbol{z},\boldsymbol{m}) = [(\boldsymbol{z}-\boldsymbol{m})^{\mathrm{T}}\boldsymbol{C}^{-1}(\boldsymbol{z}-\boldsymbol{m})]^{1/2} \tag{7.37}$$

式中，$\boldsymbol{C}$ 为待分割彩色区域样本的协方差矩阵。

7.4　相关的 MATLAB 函数

7.4.1　彩色空间转换函数

MATLAB 提供了用于独立于设备的彩色空间变换结构和运用变换结构的函数，也提

供了多种与设备有关的彩色空间变换函数。

1. 彩色空间变换结构产生函数 makecform

函数 makecform 产生独立于设备的彩色空间变换结构，其使用方法说明如下。

C = makecform（type），产生指定类型的彩色空间变换结构，字符串类型 type 及对应的彩色空间类型见表 7-4。

2. 彩色空间变换运用函数 applycform

函数 applycform 进行独立于设备的彩色空间变换，其使用方法说明如下。

B = applycform（A, C），将 A 中的彩色值变换为彩色变换结构 C 确定的彩色空间彩色值。

3. 彩色空间转换函数

RGB 彩色空间与 HSV、L*a*b*、NTSC、XYZ、YCbCr 等彩色空间的转换函数，它们的使用方法说明方法如下。

（1）hsv_image = rgb2hsv（rgb_image），将 RGB 图像转换为 HSV 图像。

（2）rgb_image = hsv2rgb（hsv_image），将 HSV 图像转换为 RGB 图像。

（3）lab = rgb2lab（rgb），将 RGB 彩色空间值转换为 CIE 1976 L*a*b*彩色空间值。

（4）rgb = lab2rgb（lab），将 CIE 1976 L*a*b*彩色空间值转换为 RGB 彩色空间值。

（5）yiq = rgb2ntsc（rgb），将 RGB 彩色空间值转换为 NTSC 彩色空间值。

（6）rgb = ntsc2rgb（yiq），将 NTSC 彩色空间值转换为 RGB 彩色空间值。

（7）xyz = rgb2xyz（rgb），将 RGB 彩色空间值转换为 CIE 1931 XYZ 彩色空间值。

（8）rgb = xyz2rgb（xyz），将 CIE 1931 XYZ 彩色空间值转换为 RGB 彩色空间值。

（9）ycbcr = rgb2ycbcr（rgb），将 RGB 彩色空间值转换为 YCbCr 彩色空间值。

（10）rgb = ycbcr2rgb（ycbcr），将 YCbCr 彩色空间值转换为 RGB 彩色空间值。

L*a*b*彩色空间与 XYZ 彩色空间的相互转换函数，其使用方法说明如下。

（1）xyz = lab2xyz（lab），将 CIE 1976 L*a*b*彩色空间值转换为 CIE 1931 XYZ 彩色空间值。

（2）lab = xyz2lab（xyz），将 CIE 1931 XYZ 彩色空间值转换为 CIE 1976 L*a*b*彩色空间值。

4. 自定义的彩色空间转换函数

R. C. Gonzalez 等定义了 RGB 彩色空间与 HSI 彩色空间的转换函数 rgb2hsi 和 hsi2rgb，它们的使用方法说明如下。

（1）HSI = RGB2HSI（RGB），将 RGB 图像转换为 HSI 图像。输入图像大小为 $M \times N \times 3$，第 3 维表示红、绿、蓝三个图像平面。若所有 RGB 分量图像都相等，则 HSI 转换是不确定的。输入图像类型可以是取值范围为[0,1]的双精度型，也可以是 uint8 或 uint16 类型。输出图像 HSI 为双精度数据类型，其中，HSI（:, :, 1）是色度分量图像，并且所有角度都除以 360° 归一化到[0,1]范围；HSI(:, :, 2)是饱和度分量图像，取值范围[0,1]；HSI(:, :, 3)是亮度分量，取值范围[0,1]。

（2）RGB = HSI2RGB(HSI)，将 HSI 图像转换为 RGB 图像。HSI 为双精度数据类型，取值范围是[0,1]。输出图像 RGB 的 3 个分量分别为，RGB(:, :, 1)为红色分量；RGB(:, :, 2)为绿色分量；RGB(:, :, 3)为蓝色分量。

7.4.2　彩色图像处理函数

彩色图像处理包括彩色变换、彩色图像梯度、彩色图像分割等。MATLAB 图像处理工具箱没有相应的函数。下面介绍 R. C. Gonzalez 等编写的图像处理函数。

1. 彩色变换函数 ice

彩色变换函数 ice 是一个交互式的颜色编辑器(Interactive Color Editor)，其使用方法说明如下。

out = ice('Property Name', 'Property Value', ...)，根据交互式确定的映射函数对图像的颜色分量进行变换。输入属性名称和属性取值分别是：'image'，待进行颜色变换的 RGB 图像或单色图像；'space'，待修改的分量彩色空间，可取值'rgb'、'cmy'、'hsi'、'hsv'、'ntsc' (or 'yiq')、'ycbcr'，默认值为'rgb'；'wait'，默认值为'on'，out 为输入图像的映射，当关闭时，ice 返回调用函数或工作空间。若取值为'off'，OUT 是输入映射图像的句柄，ice 立即返回。例如，g = ice('image', f, 'wait', 'off')，返回映射图像的句柄。

ice 每次显示一个弹出菜单，可选映射函数。每个图像分量根据专门的曲线(如 R、G 或 B)进行映射，整个图像根据全分量曲线(如 RGB)进行映射。每条映射曲线的控制点用小圆圈表示，可用鼠标移动、添加或删除。单击并拖拽，可移动控制点。按下鼠标中间的键并拖拽，可增加和定位控制点。右击用于删除控制点。复选框确定如何计算映射函数，输入图像和参考伪彩色与全彩色条是否映射，显示参考曲线信息，如概率密度函数(PDF)曲线。各个复选框的功能说明如下。

（1）复选框 Smooth，若选中，则进行三次样条(Cubic Spline)平滑插值，若未选中，则进行分段线性插值。

（2）复选框 Clamp Ends，若选中，将三次样条插值中起始曲线和终止曲线的斜率强制设为 0，对分段线性插值无影响。

（3）复选框 Show PDF，若选中，则显示概率密度函数，也就是图像分量的直方图，这个直方图受映射函数的影响。

（4）复选框 Show CDF，若选中，则显示累计分布函数，而不是概率密度函数。注意，Show PDF/CDF 两者是互相排斥的，只能选其中一项。

（5）复选框 Map Image，若选中，则进行图像映射，否则不进行映射。

（6）复选框 Map Bars，若选中，则进行伪彩色和全彩色条映射，否则显示未映射条(灰度条和色度条)。

（7）映射函数可以通过按钮初始化，Reset 按钮，初始化当前显示的映射函数，不选中所有曲线参数；Reset All 按钮，初始化所有映射函数。

作为交互式颜色编辑器函数应用的例子，在 MATLAB 命令窗口输入如下命令。

```
f = imread('图7-5(a).jpg');
ice('image', f)
```

运行上述 MATLAB 代码，结果如图 7-5 所示。图 7-5(a)为滇金丝猴彩色图像，图 7-5(b)为交互式编辑器函数 ice 的界面，手动调整 RGB 图像的 G 分量，对其进行适当压缩。经彩色编辑得到的图像如图 7-5(c)所示，正如所预料的，图像整体偏红。

(a)滇金丝猴彩色图像

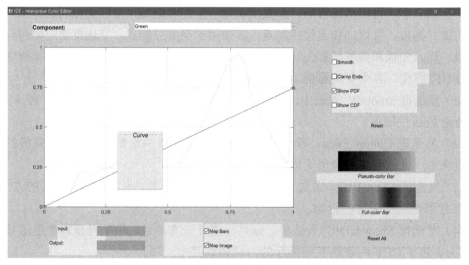

(b)交互式颜色编辑器界面

图 7-5

(c)绿色分量压缩后的图像

图 7-5　用 ice 函数进行彩色图像变换

2. 彩色图像梯度函数 colorgrad

彩色图像梯度函数 colorgrad 的使用方法说明如下。

[VG, VA, PPG] = COLORGRAD(F, T)，计算图像 F 的向量梯度 VG 和相应的角度矩阵 VA（以弧度为单位），计算每个平面的复合梯度 PPG，它是将各个颜色平面的 2-D 梯度求和得到的。阈值 T 的范围是[0, 1]，默认值为 0。若 VG(x, y)和 PPG(x, y)的值小于等于 T，则将它们强制设置为 0，否则保持它们的值不变。梯度 VG 和 PPG 的值已经缩放到[0, 1]范围。

3. 彩色图像分割函数 colorseg

彩色图像分割函数 colorseg 的使用方法说明如下。

(1) S = COLORSEG('EUCLIDEAN', F, T, M)，采用欧式距离相似度量对彩色图像 F 进行分割。M 为一个 1×3 的向量，表示用于图像分割的平均颜色，也就是颜色球的中心。T 为用于距离比较的阈值。S 为分割图像（二值矩阵），其中 0 值代表背景。

(2) S = COLORSEG('MAHALANOBIS',F,T,M,C)，采用马氏距离(Mahalanobis Distance)相似性度量对彩色图像 F 进行分割。C 为一个 3×3 的感兴趣类别样本的颜色向量协方差矩阵。

7.5　实　验　举　例

【例 7-1】　观察不同彩色空间中的彩色图像。图 7-6(a)为国家一级重点保护动物滇金丝猴，被列为世界自然保护联盟物种红色名录中的濒危物种。滇金丝猴是 1999 年昆明世界园艺博览会的吉祥物。滇金丝猴分布范围广，在最南段有云龙天池国家级保护区和兰坪云岭省级保护区，在东段有丽江老君山国家公园(三江并流世界自然遗产老君山片区)，在北段有白马雪山国家级保护区、德钦县佛山乡巴美村的社区公益保护地。将图像从 RGB 彩色空间转换到 YCbCr 彩色空间和 HSV 彩色空间,显示不同彩色空间的图像及其分量图像。

```
f = imread('图7-6(a).jpg'); % 读取RGB图像
f_r = f(:, :, 1); % 提取R分量图像
f_g = f(:, :, 2); % 提取G分量图像
f_b = f(:, :, 3); % 提取B分量图像
f1 = rgb2ycbcr(f); % 将RGB图像转换为YCbCr图像
f1_y = f1(:, :, 1); % 提取Y分量图像
f1_cb = f1(:, :, 2); % 提取Cb分量图像
f1_cr = f1(:, :, 3); % 提取Cr分量图像
f2 = rgb2hsv(f); % 将RGB图像转换为HSV图像
f2_h = f2(:, :, 1); % 提取H分量
f2_s = f2(:, :, 2); % 提取S分量
f2_v = f2(:, :, 3); % 提取V分量
figure,
subplot(2, 2, 1), imshow(f) % 显示RGB图像及其R、G、B三个分量图像
subplot(2, 2, 2), imshow(f_r)
subplot(2, 2, 3), imshow(f_g)
subplot(2, 2, 4), imshow(f_b)
figure,
subplot(2, 2, 1), imshow(f1) % 显示YCbCr图像及其Y、Cb、Cr三个分量图像
subplot(2, 2, 2), imshow(f1_y)
subplot(2, 2, 3), imshow(f1_cb)
subplot(2, 2, 4), imshow(f1_cr)
figure,
subplot(2, 2, 1), imshow(f2) % 显示HSV图像及其H、S、V三个分量图像
subplot(2, 2, 2), imshow(f2_h)
subplot(2, 2, 3), imshow(f2_s)
subplot(2, 2, 4), imshow(f2_v)
```

运行上述 MATLAB 代码,结果如图 7-6～图 7-8 所示。由图 7-6(a)、图 7-7(a)、图 7-8(a)可知,RGB 彩色空间适合用于显示,而 YCbCr 彩色空间和 HSV 彩色空间不适合用于显示。

(a) 滇金丝猴 RGB 彩色图像　　　　　　　　　　(b) *R* 分量图像

图 7-6

(c) G 分量图像

(d) B 分量图像

图 7-6 RGB 图像及其分量图像

(a) YCbCr 图像

(b) Y 分量图像

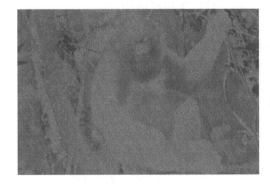

(c) Cb 分量图像

(d) Cr 分量图像

图 7-7 YCbCr 图像及其分量图像

图 7-7

(a) HSV 图像

(b) *H* 分量图像

图 7-8

(c) *S* 分量图像

(d) *V* 分量图像

图 7-8　　HSV 图像及其分量图像

【例 7-2】　　计算 RGB 彩色图像的梯度。采用 MATLAB 函数 imgradientxy 分别计算 *R*、*G*、*B* 分量图像在 *x* 方向和 *y* 方向的梯度，Rx、Ry、Gx、Gy、Bx、By，然后计算矢量梯度的三个分量 gxx、gyy、gxy，最后计算彩色图像的矢量梯度和方向。

```
f = imread('图7-9(a).jpg'); % 读取RGB彩色图像
fR = f(:, :, 1); % 取出R、G、B三个分量图像
fG = f(:, :, 2);
fB = f(:, :, 3);
% 计算R、G、B三个分量在x方向和y方向的梯度
[Rx, Ry] = imgradientxy(fR, 'sobel');
[Gx, Gy] = imgradientxy(fG, 'sobel');
[Bx, By] = imgradientxy(fB, 'sobel');
gxx = Rx.^2 + Gx.^2 + Bx.^2; % 计算矢量梯度的三个分量gxx、gyy和gxy
gyy = Ry.^2 + Gy.^2 + By.^2;
gxy = Rx.*Ry + Gx.*Gy + Bx.*By;
Angle = 0.5*(atan(2*gxy./(gxx - gyy + eps))); % 计算梯度方向
Grad1 = (0.5*((gxx + gyy) + (gxx - gyy).*cos(2*Angle) + 2*gxy.*sin (2*Angle))).^0.5;
% 计算一个方向的梯度
```

```
Grad2 = (0.5*((gxx + gyy) + (gxx - gyy).*cos(2*(Angle+pi/2)) + 2*gxy.*sin
(2*(Angle+pi/2)))).^0.5; % 计算另一个相差π/2的方向的梯度
Grad = mat2gray(max(Grad1, Grad2)); % 取两个方向梯度的最大值作为彩色图像的梯度
figure(1), imshow(f)
figure(2), imshow(Grad)
```

　　运行上述 MATLAB 代码,结果如图 7-9 所示。图 7-9(a)为云南大学会泽院侧面 RGB
彩色图像。会泽院是云南大学的标志性建筑,由早年留学法国的张邦翰设计,于 1923
年 4 月 20 日奠基,1924 年落成。2018 年 11 月 24 日,包括会泽院在内的云南大学历史

(a)云南大学会泽院 RGB 彩色图像

(b)彩色图像的梯度幅度

图 7-9　彩色图像梯度

建筑群入选中国文物学会和中国建筑学会发布的《第三批中国 20 世纪建筑遗产名录》，图 7-9（b）为该彩色图像的梯度幅度。由图可见，根据上述方法计算的彩色图像梯度的幅度，彩色图像边缘具有一定的宽度。

习　题

7-1　彩色空间转换实验。

图题 7-1 为云南大学呈贡校区钟楼的 RGB 彩色图像。请编写 MATLAB 代码，输入该 RGB 彩色图像，分别将该图像转换为 HSI 彩色图像和 HSV 彩色图像，提取 HSI 彩色图像的 H、S、I 三个分量图像，提取 HSV 彩色图像的 H、S、V 三个分量图像。显示 HSI 彩色图像和 HSV 彩色图像，以及它们的三个分量图像。请分析并比较 HSI 彩色空间图像与 HSV 彩色空间图像有何异同。

图题 7-1　钟楼图像

7-2　彩色图像梯度计算实验。

图题 7-2 为云南大学呈贡校区图书馆图像。编写 MATLAB 代码，输入该 RGB 彩色图像，调用 colorgrad 函数，计算彩色图像的梯度和方向。显示原图像和梯度图像。请分析实验结果，彩色图像梯度可以在其他彩色空间，如 HSI 彩色空间，进行计算吗？

图题 7-2　图书馆图像

7-3　彩色图像分割实验。

请编写 MATLAB 代码，输入图题 7-3 所示的雪山草甸 RGB 彩色图像，调用 colorseg 函数，尝试对彩色图像进行分割，显示原图像和分割后的图像。请分析实验结果，彩色图像分割的结果与预期结果相符吗？

图题 7-3　雪山草甸图像

第8章 图像压缩实验

8.1 实 验 目 的

图像压缩包括静止图像压缩和视频图像压缩,本实验是对静止图像进行压缩,包括霍夫曼编码、JPEG 图像压缩和 JPEG2000 图像压缩。主要目的是学习和掌握静止图像压缩的原理和方法;熟悉 MATLAB 编程技巧和常用图像压缩函数的用法;学会根据实际应用中的图像压缩需求,选择合适的图像压缩方法,使压缩图像达到预期效果。

8.2 图像压缩原理

图像压缩是数据压缩技术在数字图像上的应用,其目的是减少图像数据中的冗余信息。图像数据之所以能被压缩,是因为数据中存在着冗余信息,包括像素间冗余、编码冗余和心理视觉冗余等。图像压缩的目的就是通过去除这些数据冗余来减少表示数据所需的比特数,从而用更加高效的格式存储和传输数据。静态图像压缩标准主要有 JPEG 和 JPEG2000,视频图像压缩标准主要有 MPEG-4、H.264 等。本章实验重点掌握霍夫曼编码、JPEG 和 JPEG2000 编码。

1. 像素间冗余

像素间冗余是图像中相邻像素间的相关性所造成的冗余,是静止图像中存在的最主要的一种数据冗余。同一景物表面上采样点的颜色之间通常存在着空间相关性,相邻各点的取值往往相近或者相同,这就是像素间冗余。如图 8-1 中两幅图像的长宽相等,即分辨率相同。从图中可以看出,图 8-1(b)背景中大部分像素点的灰度值相同或相近,因此,与图 8-1(a)相比,图 8-1(b)采集到的数据中在很大程度上是重复的,这些重复的数据就表现为像素间冗余。

(a)灰度值有差异图像　　　　　　　　(b)灰度值相近图像

图 8-1 像素间冗余示例

2. 编码冗余

当所用的编码长度大于最佳长度(即最小长度)时会出现编码冗余。不同的编码方式对同一幅图像会产生不同的编码长度,相同的编码方式对不同图像所产生的冗余也是不同的,这会产生编码冗余。

设离散随机变量 r_k, $k=1,2,\cdots,L$,表示一幅具有 L 个灰度级的图像的灰度值,$p_r(r_k)$ 表示每个 r_k 在图像中出现的概率,计算如下。

$$p_r(r_k)=\frac{n_k}{n} \quad (k=1,2,\cdots,L) \tag{8.1}$$

式中, n_k 为图像中出现第 k 级灰度的次数; n 为图像的总像素数。若用于表示 r_k 每个值的比特数是 $l(r_k)$,则用于表示每个像素的平均比特数为

$$L_{\text{avg}}=\sum_{k=1}^{L}l(r_k)p_r(r_k) \tag{8.2}$$

表 8-1 所示为一幅 4 灰度级图像、采用固定 2 比特编码和可变长度编码的情况,其中,第 2 列给出各个灰度级出现的概率分布,第 3 列是采用固定 2 比特编码为每个灰度级的编码,第 5 列用变长度编码方法为每个灰度级的编码,对出现概率高的灰度级用短码编码,对出现效率低的灰度级采用长码编码。

式(8.2)可计算出 2 比特编码的平均比特数为 2,变长编码的平均比特数为

$$L_{\text{avg}}=\sum_{k=1}^{4}l_2(r_k)p_r(r_k)=3\times0.1875+1\times0.5+3\times0.0625+2\times0.25=1.75 \tag{8.3}$$

产生的压缩比为 $2/1.75\approx1.143$。Code2 实现压缩的原因是其码字为变长的,即允许将最短的码字分配给图像中最常出现的灰度级。而 Code1 与 Code2 相比存在编码冗余。

表 8-1　图像灰度分布及两种编码方式

r_k	$p_r(r_k)$	Code 1	$l_1(r_k)$	Code 2	$l_2(r_k)$
r_1	0.1875	00	2	001	3
r_2	0.5000	01	2	1	1
r_3	0.0625	10	2	000	3
r_4	0.2500	11	2	01	2

3. 心理视觉冗余

心理视觉冗余源于人类视觉系统对数据忽略的冗余。人的眼睛对所有视觉信息感受的灵敏度不同,对那些认为不十分重要的视觉信息,称为心理视觉冗余。例如一幅图像中,人们普遍认为边缘轮廓携带的信息量大,而大面积颜色或亮度相同或相近的部分,则会被忽略。要在不影响人们对图像感知的情况下一定程度地消除心理视觉冗余。

8.3 静止图像压缩

8.3.1 霍夫曼编码

霍夫曼编码(图 8-2)是消除编码冗余最常用的技术。先通过符号的概率排序建立一个信源递减序列，并将最低概率信源符号组合为一个符号，用于下一次信源约简时替代这些符号，信源约简过程持续到仅剩两个符号为止。再对每个约简的信源符号编码，编码从最短的信源（两个符号）开始一直到原始信源。两个符号的信源的最短二进制码就是 0 和 1。

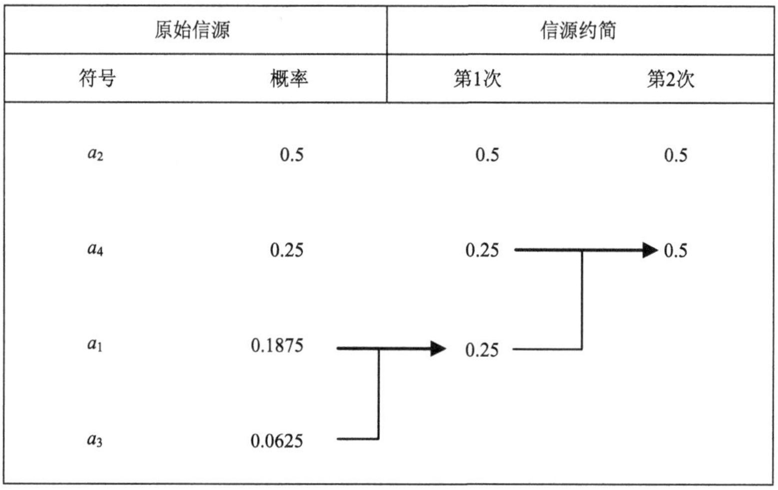

原始信源		信源约简	
符号	概率	第1次	第2次
a_2	0.5	0.5	0.5
a_4	0.25	0.25	0.5
a_1	0.1875	0.25	
a_3	0.0625		

(a) 信源约简过程

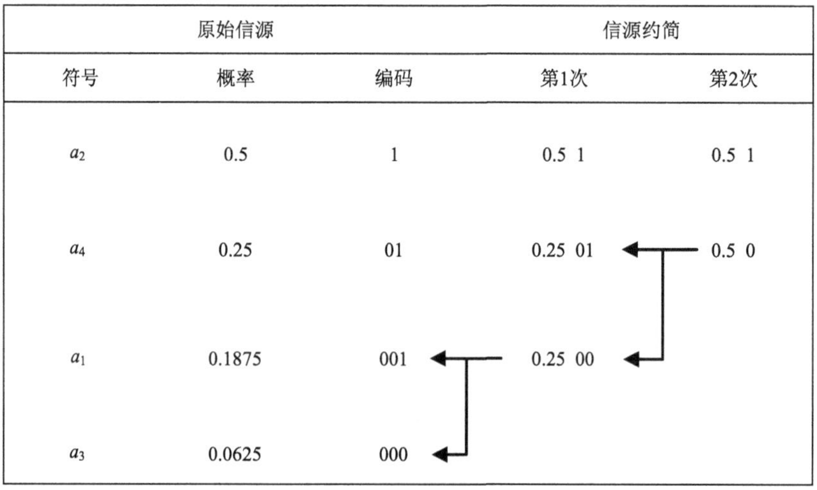

原始信源			信源约简	
符号	概率	编码	第1次	第2次
a_2	0.5	1	0.5 1	0.5 1
a_4	0.25	01	0.25 01	0.5 0
a_1	0.1875	001	0.25 00	
a_3	0.0625	000		

(b) 码字分配过程

图 8-2　霍夫曼编码

霍夫曼编码是一种变长编码方法，当对一幅图像的灰度级或一个灰度级映射操作的输出(如 DCT 变换系数)进行编码时，在每次编码一个源符号的限制条件下，对于每个源符号(如灰度级值)，霍夫曼码包含了最小可能的代码符号(即比特)数。

8.3.2　JPEG 图像压缩

1. DCT 变换

离散余弦变换(Discrete Cosine Transform, DCT)是一种与傅里叶变换密切相关的正交变换，它的最大特点是对于一般的图像都能够将像素块的能量集中于少数低频 DCT 系数上，利用"人眼对低频分量的图像比对高频分量的图像更敏感"原理，通过量化保存低频分量，舍弃高频分量，丢掉对视觉效果影响不大的信息，这样就可只编码和传输少数系数而不严重影响图像质量。二维 DCT 变换是 JPEG 算法的主要部分，其核心思想是利用 DCT 对数据信息能量集中的特性将数据中视觉上容易觉察的部分与不容易觉察的部分进行分离，由此达到压缩的目的。

数字图像 $f(x, y)$ 的二维离散余弦变换正变换定义为

$$F(u,v) = c(u)c(v)\sum_{x=0}^{M-1}\sum_{y=0}^{N-1} f(x,y)\cos\left[\frac{(2x+1)u\pi}{2M}\right]\cos\left[\frac{(2y+1)v\pi}{2N}\right] \tag{8.4}$$

式中，$u = 0,1,\cdots,M-1$；$v = 0,1,\cdots,N-1$。

二维离散余弦变换的逆变换定义为

$$f(x,y) = c(u)c(v)\sum_{u=0}^{M-1}\sum_{v=0}^{N-1} F(u,v)\cos\left[\frac{(2x+1)u\pi}{2M}\right]\cos\left[\frac{(2y+1)v\pi}{2N}\right] \tag{8.5}$$

式中，$x = 0,1,\cdots,M-1$；$y = 0,1,\cdots,N-1$；$c(u)$ 和 $c(v)$ 分别计算如下。

$$c(u) = \begin{cases} \sqrt{\dfrac{1}{M}} & (u=0) \\ \sqrt{\dfrac{2}{M}} & (u=1,2,\cdots,M-1) \end{cases} \tag{8.6}$$

$$c(v) = \begin{cases} \sqrt{\dfrac{1}{N}} & (v=0) \\ \sqrt{\dfrac{2}{N}} & (v=1,2,\cdots,N-1) \end{cases} \tag{8.7}$$

2. JPEG 编码

1992 年，联合图片专家组(Joint Photographic Experts Group, JPEG)通过了一个静止图像压缩标准，并命名为 JPEG 标准，其正式名称是信息技术连续色调静止图像的数字压缩编码，JPEG 标准是连续色调图像压缩的公共标准。连续色调图像并不局限于单色调(黑白)图像，该标准可适用于各种多媒体存储和通信应用所使用的灰度图像、摄影图像及静止视频压缩文件。在 JPEG 基准编码系统中，输入和输出图像都限制为 8bit 图像，

而量化的 DCT 系数限制在 11bit。图 8-3 描述了 JPEG 编码及解码的流程，压缩过程包括 4 个步骤：8×8 子块提取、DCT 计算、量化及变长码分配。

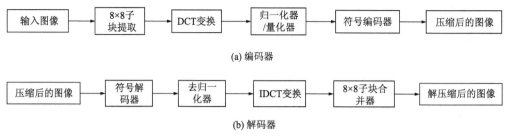

(a) 编码器

(b) 解码器

图 8-3　JPEG 编码和解码流程框图

　　JPEG 压缩首先将输入图像细分为不重叠的 8×8 子块，对每个子块按从左到右、从上到下的顺序进行处理。假设图像的灰度等级为 2^m，则其子图的 64 个像素的灰度值通过减去 2^{m-1} 得到，然后计算该灰度值的二维离散余弦变换，最后对 DCT 系数进行量化。

$$\hat{T}(u,v) = \text{round}\left[\frac{T(u,v)}{Z(u,v)}\right] \tag{8.8}$$

式中，$\hat{T}(u,v)(u,v=0,1,\cdots,7)$ 为归一化和量化系数；$T(u,v)$ 为图像 $f(x,y)$ 的一个 8×8 子块的 DCT 系数；$Z(u,v)$ 为一个类似于图 8-4(a) 的变换归一化数组。通过缩放 $Z(u,v)$，可以得到各种压缩率，且重建图像的质量可以得到保证。

　　量化完每一块的 DCT 系数后，可使用图 8-4(b) 所示的 zigzag 模式来重新排列 $\hat{T}(u,v)$ 的元素，得到随空间频率渐增的一维重排量化系数数组。因为得到的(量化系数的)一维重排数组是根据渐增空间频率来排列的，所以图 8-3(a) 中的符号编码器可充分利用重新排列所导致的零的长游程。

16	11	10	16	24	40	51	61
12	12	14	19	26	58	60	55
14	13	16	24	40	57	69	56
14	17	22	29	51	87	80	62
18	22	37	56	68	109	103	77
24	35	55	64	81	104	113	92
49	64	78	87	103	121	120	101
72	92	95	98	112	100	103	99

0	1	5	6	14	15	27	28
2	4	7	13	16	26	29	42
3	8	12	17	25	30	41	43
9	11	18	24	31	40	44	53
10	19	23	32	39	45	52	54
20	22	33	38	46	51	55	60
21	34	37	47	50	56	59	61
35	36	48	49	57	58	62	63

(a) 默认的 JPEG 归一化数组　　　　　　　　(b) JPEG 的 zigzag 系数排列顺序

图 8-4　JPEG 压缩

8.3.3 JPEG2000 图像压缩

1. 小波变换

小波变换(Wavelet Transform, WT)在继承傅里叶变换优点的同时又克服了它的缺点,是一种信号的时间-尺度分析方法,通过伸缩和平移等运算功能对函数或信号进行多尺度细化分析,它具有多分辨率分析的特点,而且在时频域都具有表征信号局部特征的能力,是一种窗口大小固定不变但其形状可变、时间窗和频率窗都可变的时频局部化分析方法。即在低频部分具有较高的频率分辨率和较低的时间分辨率,在高频部分具有较高的时间分辨率和较低的频率分辨率,较适合分析正常信号中夹带的瞬态反常现象,并展示其成分。

在实际运用中,连续小波变换的计算量很大,必须加以离散化,同时在对图像进行处理时,针对的都是二维的情况,二维离散小波变换(Discrete Wavelet Transform, DWT)正变换定义如下。

$$W_\varphi(j_0,m,n) = \frac{1}{\sqrt{MN}} \sum_{x=0}^{M-1} \sum_{y=0}^{N-1} f(x,y) \varphi_{j_0,m,n}(x,y) \tag{8.9}$$

$$W_\psi^i(j,m,n) = \frac{1}{\sqrt{MN}} \sum_{x=0}^{M-1} \sum_{y=0}^{N-1} f(x,y) \psi_{j,m,n}^i(x,y) \quad (i = \{H,V,D\}) \tag{8.10}$$

式中, j_0 为任意开始的尺度; $W_\varphi(j_0,m,n)$ 系数定义了尺度 j_0 的 $f(x,y)$ 的近似; $W_\psi^i(j,m,n)$ 系数对于 $j \geqslant j_0$ 附加了水平、垂直、对角线方向的细节。

二维离散小波变换的逆变换如下。

$$f(x,y) = \frac{1}{\sqrt{MN}} \sum_m \sum_n W_\varphi(j_0,m,n) \varphi_{j_0,m,n}(x,y) + \frac{1}{\sqrt{MN}} \sum_{i=H,V,D} \sum_{j=j_0}^{\infty} \sum_m \sum_n W_\psi^i(j,m,n) \psi_{j,m,n}^i(x,y) \tag{8.11}$$

2. JPEG2000 编码

JPEG2000 图像压缩采用图像变换方法,得到了消除图像中像素相关性的变换系数,对变换系数进行编码可以比对原始像素本身进行编码更有效。JPEG2000 采用小波变换对图像进行变换,把大部分重要的视觉信息集中在少量的系数当中,而剩余的系数可以粗略地进行量化,或将其截短为零,在保证压缩效果的前提下,只会产生很小的图像失真。

图 8-5(a)显示了一个简化的 JPEG2000 编码系统。与 JPEG 压缩相似,编码处理的第一步是通过减去 2^{m-1} (2^m 是图像中灰度级的数目)来进行图像的灰度级移动。然后计算图像的行和列的一维离散小波变换。在 JPEG2000 图像压缩标准中,无损压缩采用的变换是双正交的样条 5/3 小波变换(低通和高通分析滤波器系数长度,也称抽头数,分别为5 和 3),在有损压缩应用中,使用的是 CDF 9/7 小波变换(CDF 代表三位设计者 Cohen、Daubechies、Feauveau,9 和 7 的含义同前)。

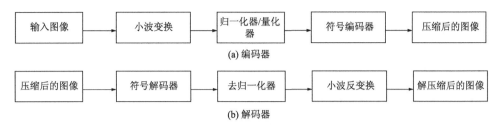

图 8-5　JPEG2000 编码和解码流程框图

重复分解步骤 N_L 次将产生一个 N_L 尺度的小波变换。邻近的尺度与 2 的幂相关联，且最小的尺度只包括明确定义的原图像近似。图 8-6 给出了在 $N_L = 2$ 尺度下小波变换子带的标准表示法。一般的 N_L 尺度变换包含 $3 \times N_L + 1$ 个子带，子带的系数表示为 a_b，其中，$b = N_L LL, N_L HL, \cdots, 1HL, 1LH, 1HH$。

在计算 N_L 尺度小波变换后，变换系数的总数等于原图像中的样本数。为了减少表示系数所需要的比特数，子带 b 的系数 $a_b(u,v)$ 可利用式 (8.12) 量化为值 $q_b(u,v)$：

$$q_b(u,v) = \text{sign}\left[a_b(u,v)\right] \cdot \text{floor}\left[\frac{\left|a_b(u,v)\right|}{\Delta_b}\right] \tag{8.12}$$

式中，sign 和 floor 操作符的作用类似于有着相同名称的 MATLAB 函数。量化步长 Δ_b 为

$$\Delta_b = 2^{R_b - \varepsilon_b}\left(1 + \frac{\mu_b}{2^{11}}\right) \tag{8.13}$$

式中，R_b 为子带 b 的标称动态范围；ε_b 和 μ_b 分别为分配给子带系数的指数和尾数的比特数。子带数 b 的标称动态范围用于表示原图像的比特数和用于子带 b 的分析增益比特数之和。子带分析增益比特遵循图 8-6 所示的简单模式。例如，子带 $b = 1HH$ 有两个分析增益比特。

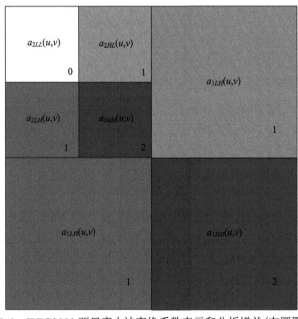

图 8-6　JPEG2000 两尺度小波变换系数表示和分析增益 (在圆圈中)

对无损压缩来说，$\mu_b = 0$ 和 $R_b = \varepsilon_b$，故 $\Delta_b = 1$。对于有损压缩来说，未指定特殊的量化步长。相反，在子带基础上必须为解码器提供指数和尾数的比特数，这称为显示量化，或对于 $N_L LL$ 来说，称为隐式量化。在后一种情况下，剩下的子带使用外推的 $N_L LL$ 子带参数来量化。若令 R_b 和 μ_b 为分配给 $N_L LL$ 子带的比特数，则子带 f 的外推参数为

$$\mu_b = \mu_0 \tag{8.14}$$
$$\varepsilon_b = \varepsilon_0 + nsd_b - nsd_0 \tag{8.15}$$

式中，nsd_0 为从原图像到子带 b 的子带分解级数。编码处理的最后步骤是在比特平面的基础上对量化的系数进行算术编码。

8.4 相关的 MATLAB 函数

8.4.1 霍夫曼(Huffman)函数

R. C. Gonzalez 等编写的《数字图像处理(MATLAB 版)》(第二版)补充了霍夫曼编解码的 MATLAB 函数的定义和用法，读者可自行参考。

1. 函数 huffman

函数 huffman 基于二叉树构建编码压缩结构，实现可变长无损编码。算法根据信源符号出现的概率，对其进行编码，概率越大，编码越短，反之亦然。其使用方法说明如下。

code = huffman(p)，对于输入信源符号概率向量 p，计算变长霍夫曼编码 code。每个码字对应向量 p 中的一个符号概率。

2. 编码函数 mat2huff

编码函数 mat2huff 对输入的矩阵 x 进行霍夫曼编码，返回的信息保存在相应的结构变量中，这些信息在从霍夫曼编码恢复原始数据(也就是解码)时要用到，这些信息包括 x 的最小值、直方图等。其使用方法说明如下。

y = mat2huff(x)，利用矩阵 x 最小值和最大值之间的单位宽度直方图对应的概率，计算矩阵 x 的霍夫曼编码，编码结果输出为结构体 y。其中，y.code 为 uint16 格式向量，存储数据 x 的霍夫曼编码。y 的其他字段包含了解码所需的额外信息，包括：y.min 为 x+32768 所得结果的最小值；y.size 为矩阵 x 的维度大小；y.hist 为 x 的直方图。

若 x 的数据类型为 Logical(逻辑型)、uint8、uint16、uint32、int8、int16，或 Double(双精度)的整数值，则可以直接输入函数 mat2huff 中。x 的最小值必须表示为 int16 数据类型。若 x 是双精度非整数值，如 0 和 1 之间的数值，则在调用 x 值之前，要将 x 值伸缩到合适的整数范围。例如，对于 256 个灰度级的图像编码，可以使用 y = mat2huff(255*x)。注意，霍夫曼编码的码字数目是 round(max(x(:)))−round(min(x(:)))+1，可能需要对 x 进行伸缩以产生长度合理的编码，x 的最大行或列维度是 65535。

3. 解码函数 huff2mat

函数 huff2mat 用来把经霍夫曼编码的矩阵解码恢复原始数据矩阵，其使用方法说明如下。

x = huff2mat(y)，解码一个 Huffman 编码的 16 比特的结构 y。

8.4.2　JPEG 图像压缩函数

这里介绍 R. C. Gonzalez 等编写的 JPEG 图像压缩函数，完整的函数定义可以在《数字图像处理(MATLAB 版)》(第二版)配套的 JPEG 文件夹中找到。

1. 压缩函数 im2jpeg

函数 im2jpeg 使用方法说明如下。

y = im2jpeg(x, quality)，采用 8×8 块 DCT 变换、系数量化和霍夫曼符号编码对图像 x 进行压缩，输入参数 quality 决定了丢失和压缩的信息量。输出 y 为编码结构体，y.size 为 x 的维度，y.bits 为图像中每个像素的比特数，y.numblock 为 8×8 编码块的数量，y.quality 是质量因素(百分比)，y.huffman 由 mat2huff 返回霍曼夫编码结构。

2. 解码函数 jpeg2im

函数 jpeg2im 使用方法说明如下。

x = jpeg2im(y)，对压缩图像 y 进行解码，得到重构的近似图像 x。特别地，y 是由 im2jpeg 产生的一个结构体。

3. 比率函数 imratio

比率函数 imratio 用于计算两幅图像或者两个变量的比特数之比，其使用方法说明如下。

cr = imratio(f1, f2)，返回变量或者文件 f1 和 f2 的比特数的比率。如果 f1 和 f2 分别表示原始图像和压缩图像，那么 cr 表示压缩比。

4. 变量字节数函数 bytes

函数 bytes 使用方法说明如下。

b = bytes(f)，返回输入变量的字节数，如果 f 是一个字符串，则假设它是一幅图像的文件名。

8.4.3　JPEG2000 图像压缩函数

R. C. Gonzalez 等编写了 JPEG2000 图像压缩函数，完整的函数定义可以在《数字图像处理(MATLAB 版)》(第二版)配套的 JPEG2000 文件夹中找到，这里给出 JPEG2000 压缩中主要用到的函数的使用说明。

1. 压缩函数 im2jpeg2k

函数 im2jpeg2k 使用方法说明如下。

y = im2jpeg2k(x，n，q)，通过使用 n 尺度的小波变换、隐式或显式的系数量化以及通过零游程编码增强的霍夫曼符号编码来压缩图像。如果量化向量 q 仅包含两个元素，则假设它们是隐式量化参数，否则假设其为显式的子带步长。y 是一个编码结构体，包含霍夫曼编码数据和函数 jpeg2k2im 用于解码的参数。

2. 解压缩函数 jpeg2k2im

函数 jpeg2k2im 使用方法说明如下。

x = jpeg2k2im(y)，im2jpeg2k 的逆变换，解码压缩图像 y，重构原始图像 x 的近似值，y 是通过 im2jpeg2k 返回的编码结构。

3. 小波变换滤波器函数 wavefilter

函数 wavefilter 使用方法说明如下。

[varargout] = wavefilter(wname, type)，创建小波分解和重构滤波器，wname 定义小波的类型，如'haar'或'sym4'等；type 定义滤波器的类型，如'd'表示重构，'r'表示分解。

4. 快速小波变换函数 wavefast

函数 wavefast 使用方法说明如下。

[c, s] = wavefast(x, n, varargin)，计算三维扩展的二维数组的快速小波变换，其中，c 为一个系数分解向量，s 为一个(n+2)×2 或(n+2)×3 的记录矩阵，n 为尺度，必须小于或等于图像最大维数的以 2 为底的对数。例如，[c,l] = wavefast(x,n,lp,hp)用分解滤波器 lp 和 hp 计算三维矩阵 x 的二维 n 级快速小波变换(FWT)；[c,l] = wavefast(x,n,wname)执行同样的运算，但是使用 wavefilter 为小波 wname 取得 lp 和 hp 的滤波器。滤波器的 lp 和 hp 的长度必须相等且为偶数。为了减少边界失真，必须先对 x 进行对称扩展。

5. 小波分解结构编辑函数 wavework

函数 wavework 使用方法说明如下。

[varargout] = wavework(opcode, type, c, s, n, x)，用于编辑小波分解结构，根据 opcode 指定的操作，通过 type 和 n 获取或修改指定类型的系数，type = 'a', 'h', 'v', 'd'分别为近似值系数、水平细节、垂直细节和对角线细节。[c,s]是一个小波工具箱分解结构。n 是分解尺度(若 type = 'a'则忽略)。x 是二维系数矩阵。

6. 提取小波分解结构系数函数 wavecopy

函数 wavecopy 的使用方法说明如下。

y = wavecopy(type, c, s, n)，根据 type 和 n 获取小波分解结构的系数。[c,s]是一个小波数据结构，n 是指定的分解尺度(若 type = 'a'则忽略)。

7. 二维小波变换的逆变换函数 waveback

函数 waveback 的使用方法说明如下。

[varargout] = waveback(c, s, varargin)，计算多尺度小波分解[c, s]的逆变换，输出逆变换矩阵[varargout]。

8.5 实 验 举 例

【例 8-1】   为了寻找一种高效、无损地编码信息的无损编码方法，在信息论中，用信源输出的平均信息量，即信源的熵，来衡量一种编码方法所能达到的最短码长的下限。考虑一幅大小为 4×4 的简单图像，其直方图（见下面代码中的 p）模拟表 8-1 中的符号概率。计算一阶熵估计并进行霍夫曼编码。下面的命令行用于生成上述图像并计算其熵的一阶估计。

```
>> f = [119 123 168 119; 107 119 168 168];
>> f = [f; 119 119 107 119; 168 107 119 119]
f =
   119   123   168   119
   107   119   168   168
   119   119   107   119
   168   107   119   119
>> p = hist(f(:), 8);
>> p = p/sum(p)
p =
    0.1875  0.5000  0.0625   0   0   0   0   0.2500
>> h = entropy(f)
h =
    1.7028
```

下面的命令行使用霍夫曼编码方法产生图 8-2 中的变长编码。

```
>> p = [0.1875 0.5 0.0625 0.25];
>> c = huffman(p)
c =
   '001'
   '1'
   '000'
   '01'
```

输出 c 是元素长度可变的胞元组数，其中每一行是由 0 和 1 构成的编码，对应于 p 中的概率的二进制码。例如，'01'是概率为 0.25 的灰度级的编码。

【例 8-2】   使用函数 mat2huff 对图像进行编码，然后再用函数 huff2mat 对图像编码进行解码，并比较解码后的图像与原图像。

为了说明霍夫曼编码的压缩性能，考虑 8 比特、大小为 256×256 的 Lena 图像。使用 mat2huff 压缩该图像所用的命令如下。

```
>> f = imread ('len_std.tif');
>> c = mat2huff(f);
>> cr1 = imratio(f, c)
cr1 =
     1.0759
```

通过去除与传统的 8 比特二进制编码相关联的编码冗余，图像已被压缩到原来比特数的 93% 左右(1/1.0759)，其中，包含解码所需信息。

mat2huff 的输出是一个结构体，使用函数 save 把它写入磁盘。

```
>> save SqueezeLenna c;
>> cr2 = imratio('len_std.tif', 'SqueezeLenna.mat')
cr2 =
     1.1632
```

以上图像可以用如下命令来解码。

```
>> load SqueezeLenna;
>> g = huff2mat(c);
>> f = imread('len_std.tif');
>> rmse = compare(f, g)
rmse =
     0
```

可见，解压缩后的图像与原图像相比，误差为 0，压缩是无损的。

【例 8-3】　为探究不同质量因素 quality 对 JPEG 压缩结果的影响，对一幅布偶猫的图像进行实验。该实验分别选取了 quality = 1(默认值)和 quality = 4 两个数值进行了 JPEG 压缩实验。通过定量和定性分析比较压缩前后的图像，加深对 JPEG 压缩技术的理解。

```
f = imread('图8-7(a).jpg');
c1 = im2jpeg(f);  f1 = jpeg2im(c1);  cr1 = imratio(f, c1)
c2 = im2jpeg(f, 4);  f2 = jpeg2im(c2);  cr2 = imratio(f, c2)
subplot(1, 3, 1), imshow(f), title('布偶猫图像');
subplot(1, 3, 2), imshow(f1), title('quality=1的压缩图像');
subplot(1, 3, 3), imshow(f2), title('quality=4的压缩图像');
```

运行上述 MATLAB 代码，quality = 1 时的压缩率为 7.7251，quality = 4 时的压缩率为 21.7207，图 8-7 列出了不同压缩率的结果，图 8-7(a) 为布偶猫图像，图 8-7(b) 为 quality = 1 的压缩图像，图 8-7(c) 为 quality = 4 的压缩图像。为了更清晰地展现压缩结果，图 8-8 给出了不同压缩参数的布偶猫头部特写图像。

图 8-7(b)、(c) 为不同参数下的 JPEG 的解码图像。压缩率近似为 8∶1 的图 8-7(b) 是直接应用 JPEG 标准化数组和 DCT 得到的图像，压缩率近似为 22∶1 的图 8-7(c) 是由标准化数组乘以 4(缩放)得到的图像。由此可知，当 quality = 1 时，几乎看不出压缩图像与布偶猫图像差别，但 quality 值越大时，图像与灰度图像的差别越大，失真也越严重，分块效应更加明显，高压缩率是以图像质量为代价换取的。特别地，红色矩形区域失真最为明显。因此，选择适合的 quality 值，不仅可以达到压缩图像的目的，还能保证较好

的清晰度和真实度。

(a) 布偶猫图像　　　　　　　(b) quality = 1 的压缩图像　　　　　　(c) quality = 4 的压缩图像

图 8-7　不同参数的 JPEG 压缩效果对比

(a) 布偶猫头部特写图像　　　　(b) quality = 1 的压缩图像　　　　(c) quality = 4 的压缩图像

图 8-8　不同压缩参数布偶猫头部特写图

【例 8-4】　为了进一步探究 JPEG2000 压缩技术中不同压缩参数对于压缩结果的影响，利用一幅海鸥图像对其进行探究实验。该实验中统一使用尺度为 5 的小波变换，并设置了不同压缩参数，分别为 $\mu_0 = 8$ 和 $\varepsilon_0 = 8.5$、7 来探究不同压缩参数对于压缩图像的影响。比较压缩前后的图像，进行实验分析，加深对 JPEG2000 压缩技术中参数作用的理解。

```
f = imread('图8-9(a).jpg');
f = rgb2gray(f);
c1 = im2jpeg2k(f, 5, [8 8.5]); f1 = jpeg2k2im(c1);  cr1 = imratio(f, c1)
c2 = im2jpeg2k(f, 5, [8 7]); f2 = jpeg2k2im(c2);  cr2 = imratio(f, c2)
subplot(1, 3, 1), imshow(f), title('海鸥图像');
subplot(1, 3, 2), imshow(f1), title('\mu_0 = 8 \epsilon_0 = 8.5的压缩图');
subplot(1, 3, 3), imshow(f2), title('\mu_0 = 8 \epsilon_0 = 7的压缩图');
```

运行上述 MATLAB 代码，$\mu_0 = 8$、$\varepsilon_0 = 8.5$ 时的压缩率为 19.2866，$\mu_0 = 8$、$\varepsilon_0 = 7$

时的压缩率为 51.4008，压缩前后的图像如图 8-9 所示。JPEG2000 压缩算法的海鸥特写图如图 8-10 所示。

(a) 海鸥图像　　　　　　　　(b) $\mu_0 = 8$、$\varepsilon_0 = 8.5$ 的压缩图　　　　　　(c) $\mu_0 = 8$、$\varepsilon_0 = 7$ 的压缩图

图 8-9　JPEG2000 压缩实验

(a) 海鸥特写图像　　　　　　(b) $\mu_0 = 8$、$\varepsilon_0 = 8.5$ 的压缩图　　　　　　(c) $\mu_0 = 8$、$\varepsilon_0 = 7$ 的压缩图

图 8-10　JPEG2000 压缩算法的海鸥特写图

由图 8-8 和图 8-10 可知，基于小波变换的 JPEG2000 图像压缩与 JPEG 图像压缩相比误差得到了明显的降低，图像质量也得到了增强，削弱了分块模糊瑕疵。JPEG2000 借助小波变换计算高效和多尺度处理能力，使压缩图像具有良好的低比特率压缩性能和良好的误差鲁棒性等优势。

习　　题

8-1　霍夫曼编码实验。

设一幅大小为 8×8 的简单图像，其灰度值取值区间为 (0, 15)，各个像素点的值如图题 8-1 所示。

请计算各灰度值出现的概率，对这幅图像的熵进行一阶估计；手工计算霍夫曼编码，再用 huffman 函数对各灰度级进行自动编码，检验手工编码的对错。

0	0	0	0	0	0	5	5
5	15	15	15	13	15	15	1
6	6	8	13	13	5	8	13
1	6	6	13	13	13	9	9
1	8	5	13	13	13	1	8
6	9	6	13	13	13	1	5
6	9	9	13	13	13	1	6
6	5	13	13	13	13	1	5

图题 8-1 8×8 的简单图像

8-2 对航拍图像进行霍夫曼编码实验。

随着无人机技术的发展，越来越多的人使用无人机进行拍摄，相比于传统的拍摄方式，无人机拍摄的图像数据量更大，一种高效的图像压缩技术对于存储空间和网络快速传输是很有必要的。对航拍图像进行压缩，首先可以较快地传输各种信息，降低信道占用费用，其次在现有的信道干线上开通更多的业务。此外，紧缩数据存储容量，降低数据存储费用。图题 8-2 为一幅公路航拍图。用霍夫曼编码方法对图像进行编码和解码，计算霍夫曼编码的压缩率，比较编码前和解码后的图像。

图题 8-2 公路航拍图

8-3 JPEG 图像压缩实验。

利用 JPEG 图像压缩函数并编写 MATLAB 代码，对图题 8-3 无人机拍摄的建筑物图像进行 JPEG 图像压缩实验。为了探究不同压缩参数对压缩效果的影响，选取不同的

quality 值，如 quality = 2、4、6，从压缩率和压缩图像的显示效果等方面进行对比，并分析原因。

图题 8-3 建筑物航拍图

8-4 JPEG2000 图像压缩实验。

利用 JPEG2000 图像压缩函数并编写 MATLAB 代码对图题 8-3 无人机航拍图进行 JPEG2000 图像压缩实验。选取不同的压缩参数，如改变小波变换的尺度 n，选取不同的量化参数 μ_0 和 ε_0 的值，观察不同压缩参数对图像压缩效果的影响，从压缩率和压缩图像的显示效果等方面进行对比，请分析原因。在相近的压缩率条件下，与 JPEG 图像压缩算法进行对比，分析两种压缩方法的性能特点。通过对比分析实验结果，请判断 JPEG 和 JPEG2000 图像压缩哪种方法效果更好？

第9章 形态学图像处理实验

9.1 实 验 目 的

数学形态学（Mathematical Morphology）由一组形态学的代数基本运算组成，包括膨胀、腐蚀、开启和闭合。使用这些基本运算可以组合和推导各种算法，并用于图像形状和结构分析与处理。本实验的主要目的是学习和掌握形态学图像处理的原理和方法；熟悉 MATLAB 编程技巧和常用的形态学图像处理函数用法；学会根据实际应用中的图像处理需求，如文字识别、指纹识别和医学图像处理等，选择合适的数学形态学方法，以达到对图像分析和识别的预期效果。

9.2 实 验 原 理

数学形态学是一门建立在格论和拓扑学基础上的图像分析学科，是数学形态学图像处理的基本理论，其描述语言是集合论。数学形态学是一种有效的非线性图像处理和分析理论，由一组形态学的代数运算构成，实际上可以理解为一种滤波操作，所以也称为形态学滤波。滤波中用的滤波器在这里被称为结构元素，结构元素往往是由一个特殊的形状构成，如线条、矩形、圆、菱形等。把结构元素的中心与图像上像素点对齐，然后结构元素覆盖的邻域像素就是要分析的像素，定义一种操作就形成了一种形态学运算。基本的集合名词定义如下。

(1) 集合。用大写字母表示，如 A、B。若 w 是 A 的一个元素，记为 $w \in A$。

(2) 补集。记为 $A^c = \{w \mid w \notin A\}$。

(3) 并集。记为 $A \cup B$。

(4) 交集。记为 $A \cap B$。

(5) 差集。记为 $A - B = \{w \mid w \in A, w \notin B\}$。

(6) 映像。记为 $\hat{B} = \{w \mid w = -b, b \in B\}$。

(7) 平移。记为 $(A)_x = \{c \mid c = a + x, a \in A\}$，其中 $x = (x_1, x_2)$。

下面给出形态学的基本运算。

9.2.1 膨胀和腐蚀运算

1. 膨胀

膨胀使二值图像"加长"或"变粗"，加长或变粗的程度由结构元素控制。用 B 对 A 进行膨胀，记为 $A \oplus B$，定义为

$$A \oplus B = \left\{ x \,\middle|\, \left(\hat{B}\right)_x \bigcap A \neq \varnothing \right\} \tag{9.1}$$

式中，$\varnothing$ 为空集；A 为图像集合；B 为结构元素。式 (9.1) 表明用 B 膨胀 A 的过程是，先对 B 做关于原点的映射，再将其映像平移 x，这里 A 与 B 映像的交集不为空集。膨胀是将图像中与目标物体接触的所有背景点合并到物体中的过程，结果是使目标增大、孔洞缩小，填补目标中的空洞，使其形成连通域。

2. 腐蚀

腐蚀使二值图像"收缩"或"细化"，收缩的方式和程度由结构元素控制。用 B 对 A 进行腐蚀，记为 $A \ominus B$，定义为

$$A \ominus B = \left\{ x \,\middle|\, (B)_x \bigcap A^c = \varnothing \right\} \tag{9.2}$$

式 (9.2) 表明，A 用 B 腐蚀的结果是所有 x 的集合，其中，B 平移 x 后仍在 A 中。换言之，用 B 来腐蚀 A 得到的集合是 B 完全包括在 A 中时 B 的原点位置的集合。腐蚀具有使目标缩小、目标内孔增大、外部孤立噪声点消除的效果。

9.2.2 开运算和闭运算

1. 开运算

用 B 对 A 进行形态学开运算记作 $A \circ B$，它是用 B 对 A 腐蚀后，再用 B 进行膨胀的结果，定义为

$$A \circ B = (A \ominus B) \oplus B \tag{9.3}$$

其另一个数学公式为

$$A \circ B = \bigcup \left\{ (B)_x \,\middle|\, (B)_x \subseteq A \right\} \tag{9.4}$$

式中，$\bigcup\{\cdot\}$ 指大括号中所有集合的并集；符号 $C \subseteq D$ 表示 C 是 D 的一个子集，该公式的简单几何解释为：$A \circ B$ 是 B 在 A 内完全匹配的平移的并集。

开运算可用来消除细小物体，在纤细处分离物体和平滑较大物体边界。

2. 闭运算

用 B 对 A 进行形态学闭运算记作 $A \bullet B$，它是 A 被 B 膨胀后再用 B 腐蚀的结果，定义为

$$A \bullet B = (A \oplus B) \ominus B \tag{9.5}$$

从几何学上讲，$A \bullet B$ 是所有不与 A 重叠的 B 的平移的交集。闭运算也可以平滑图像的轮廓，与开运算相反，它一般融合窄的缺口和细长的弯口，去掉小洞，填补轮廓上的缝隙。

9.2.3　击中或击不中变换

1. 击中或击不中变换的概念

识别像素的特定形状在图像处理中是很有用的，例如孤立的前景像素或者是线段的端点像素，击中或击不中变换可以用于这类应用。A 被 B 击中或击不中变换定义为 $A \otimes B$，其中，B 是结构元素对 $B = (B_1, B_2)$，而不是单个元素。击中或击不中变换用这两个结构元素定义为

$$A \otimes B = (A \ominus B_1) \bigcap (A^c \ominus B_2) \tag{9.6}$$

上述定义表明，B_1 在 A 中找到匹配，同时，B_2 在 A^c 中找到匹配，结构元素原点所有平移的集合即击中或击不中变换的结果。

2. 使用查找表

当击中或击不中结构元素较小时，计算击中或击不中变换的较快方法是使用查找表（Look-up Table, LUT）。这种方法是预先计算出每个可能邻域形状的像素值，然后把这些值存储到一个表中，以备使用。

9.2.4　连通分量的标记

令 S 是二值图像中的一个前景像素子集。若 S 的全部像素之间存在一个通路，则可以说两个像素 p 和 q 在 S 中是连通的。对于 S 中的任何像素 p，S 中连通到该像素的像素集称为 S 的连通分量。连通分量可根据路径来定义，而路径则取决于连通方式，最常见的连接方式为 4 连接和 8 连接。若在前景像素 p 和 q 之间存在一条完全由前景像素组成的 4 连通路径，则这两个前景像素称为 4 连通。若他们之间存在一条 8 连通路径，则称其为 8 连通。如果 S 仅有一个连通分量，则集合 S 称为连通集。

如果 Y 是二值图像 A 中的一个连通分量，已知 Y 中的一个像素点 p，则连通分量 Y 的所有像素点可用迭代公式

$$X_k = (X_{k-1} \oplus B) \bigcap A \quad (k = 1, 2, 3, \cdots)$$

进行标记或提取。式中，$X_0 = p$ 为迭代的初始值，B 为结构元素。当 $X_k = X_{k-1}$ 时迭代收敛，$Y = X_k$ 即连同分量。

9.2.5　灰度形态学

除了击中或击不中变换之外，本章讨论的所有二值形态学运算都可以扩展到灰度图像。对于灰度图像而言，膨胀和腐蚀是以像素邻域的最大值和最小值来定义的。

1. 灰度膨胀

结构元素 b 对 f 的灰度膨胀记为 $f \oplus b$，定义为

$$(f \oplus b)(x, y) = \max \left\{ f(x - x', y - y') + b(x', y') \big| (x', y') \in D_b \right\} \tag{9.7}$$

式中，D_b 为 b 的定义域；$f(x,y)$ 在 f 的定义域外假设为 $-\infty$。该公式实现类似于空间卷积的处理，从概念上讲，可以认为结构元素关于其原点旋转并在图像中的所有位置平移，就像卷积核旋转并在图像上平移那样。在每个平移位置，旋转的结构元素的值与图像像素值相加并计算出最大值。闭运算可用来填充物体内细小空洞，连接邻近物体和平滑边界。

2. 灰度腐蚀

结构元素 b 对 f 的灰度腐蚀记为 $f \ominus b$，定义为

$$(f \ominus b)(x,y) = \min\left\{f(x+x',y+y') - b(x',y') \big| (x',y') \in D_b\right\} \tag{9.8}$$

式中，D_b 为 b 的定义域；$f(x,y)$ 在 f 的定义域外假设为 $+\infty$。在概念上，可再次将该结构元素平移到图像中的所有位置。在每个平移后的位置，结构元素值减去图像的像素值，并计算出最小值。

3. 灰度图的开运算和闭运算

灰度图中开运算和闭运算的表达式与二值图像的相应表达式的形式相同。先腐蚀后膨胀的过程称为开运算，用来消除小物体、在纤细点处分离物体、平滑较大物体的边界的同时并不明显改变其面积。先膨胀后腐蚀的过程称为闭运算，用来填充物体内细小空洞、连接邻近物体、平滑其边界的同时并不明显改变其面积。

结构元素 b 对图像 f 的开运算记为 $f \circ b$，定义为

$$f \circ b = (f \ominus b) \oplus b \tag{9.9}$$

结构元素 b 对图像 f 的闭运算记为 $f \bullet b$，定义为

$$f \bullet b = (f \oplus b) \ominus b \tag{9.10}$$

9.3 相关的 MATLAB 函数

9.3.1 结构元素构造函数

结构元素构造函数 strel 的使用方法说明如下。

se=strel(shape, parameters)，其中，shape 为指定希望形状的字符串，而 parameters 为指定形状信息的参数。表 9-1 总结了函数 strel 常用的调用方法和参数设置。

表 9-1 函数 strel 的各种语法形式

语句形式	描述
se=strel('diamond',R)	创建一个菱形结构元素，其中，R 为从结构元素原点到菱形的最远点的距离
se=strel('disk',R)	创建一个圆盘形结构元素，其半径为 R
se=strel('line',LEN,DEG)	创建一个线形结构元素，其中，LEN 为长度，DEG 为线的角度（从水平轴起逆时针方向度量）
se=strel('octagon',R)	创建一个八边形结构元素，其中，R 为从结构元素原点到八边形的边的距离，沿水平轴和垂直轴度量。R 必须是 3 的非负倍数

续表

语句形式	描述
se=strel('pair',OFFSET)	创建一个包含有两个成员的结构元素，一个成员在原点，另一个成员的位置由 OFFSET 表示，该向量是一个包含两个元素的行和列偏移量
se=strel('periodicline',P,V)	创建一个包含有 2×P+1 的结构元素。其中，V 为一个包含两个元素的向量，对应结构元素的行和列偏移量
se=strel('rectangle',MN)	创建一个矩形结构元素，其中，MN 指定了大小。MN 必须是一个两元素的非负整数向量。MN 中的第一个元素是结构元素中的行数，第二个元素是列数
se=strel('square',W)	创建一个方形的结构元素，其边长是 W 个像素。W 必须是一个非负整数标量
se=strel('arbitrary',NHOOD) 或 se=strel(NHOOD)	创建一个任意形状的结构元素。NHOOD 是由 0 和 1 组成的矩阵，用于指定形状。第二种更简单的语法形式可执行相同的操作

9.3.2　膨胀函数与腐蚀函数

1. 膨胀函数 imdilate

函数 imdilate 的使用方法说明如下。

(1) IM2 = imdilate(IM,SE)，对图像 IM 进行膨胀运算，IM 为待膨胀的二值图像或灰度图像，IM2 保存膨胀处理后的图像。SE 为一个结构化元素对象，或由 STREL 或 OFFSETSTREL 函数返回的结构化元素对象数组。如果 IM 是逻辑的(二进制)，那么结构元素必须是扁平的，imdilate 执行二进制膨胀。否则，它执行灰度膨胀。如果 SE 是结构元素对象的数组，imdilate 将执行多次扩展，依次使用 SE 中的每个结构元素。

(2) IM2 = imdilate(IM,NHOOD)，扩展图像 IM，其中 NHOOD 是一个由 0 和 1 组成的矩阵，它指定了结构元素的邻域。这等同于 imdilate (IM,STREL(NHOOD)) 的句法。imdilate 确定邻域的中心元素通过 floor((size(NHOOD) + 1)/2)确定邻域的中心元素。也可以用 imdilate(IM,strel(NHOOD))实现相同的功能。

2. 腐蚀函数 imerode

函数 imerode 的使用方法说明如下。

(1) IM2 = imerode(IM,SE)，对图像 IM 进行腐蚀运算，IM 是待腐蚀的二值图像或灰度图像，IM2 保存腐蚀处理后的图像。SE 是一个结构化元素对象，或结构化元素对象的数组，由 STREL 或 OFFSETSTREL 函数返回。如果 IM 是逻辑的，并且结构化元素是平的，imerode 执行二进制侵蚀；否则执行灰阶侵蚀。如果 SE 是一个结构化元素对象的数组，则 imerode 会对输入图像进行多次侵蚀，使用每个结构元素相继进行。

(2) IM2 = imerode(IM,NHOOD)，对图像 IM 进行腐蚀运算，NHOOD 是一个由 0 和 1 构成的矩阵，它定义了腐蚀运算的结构元素的形状。其中 NHOOD 是一个 0 和 1 的数组，指定了结构化元素。这等同于语法 imerode (IM,STREL(NHOOD))。imerode 使用这种计算方法 floor((size(NHOOD) + 1)/2)来确定邻域的中心元素或原点。

9.3.3　开运算函数和闭运算函数

1. 开运算函数 imopen

形态学开运算使用相同的结构元素先对图像进行腐蚀，然后再膨胀。开运算函数 imopen 的使用方法说明如下。

(1) IM2 = imopen(IM,SE)，对灰度或二值图像 IM 进行开运算，SE 是结构元素。SE 必须是一个单一的结构元素对象，而不是一个数组对象。

(2) IM2 = imopen(IM,NHOOD)，对灰度或二值图像 IM 进行开运算，其中 NHOOD 是由 0 和 1 构成的结构元素矩阵，指定了结构化元素的邻域。

2. 闭运算函数 imclose

形态学闭运算使用相同的结构元素先对图像进行膨胀，然后再腐蚀。闭运算函数 imclose 的使用方法说明如下。

(1) IM2 = imclose(IM,SE)，对灰度或二值图像 IM 进行闭运算，SE 是结构元素。SE 必须是一个单一的结构元素对象，而不是一个数组对象。IM 可以是任何数值或逻辑类型，也可以是任何维度，并且必须是非稀疏的。如果 IM 是逻辑的，那么 SE 必须是扁平的。IM2 具有与 IM 相同的类。

(2) IM2 = imclose(IM,NHOOD)，对灰度或二值图像 IM 进行闭运算，其中 NHOOD 是由 0 和 1 构成的结构元素矩阵，指定了结构化元素的邻域。

9.3.4　击中或击不中变换用到的函数

1. 击中或击不中函数 bwhitmiss

击中或击不中函数 bwhitmiss 的使用方法说明如下。

C=bwhitmiss(A,B1,B2)，其中 C 为结果，A 为输入图像，B1 和 B2 为结构元素。击中操作保留了邻域"符合"B1 的形状而不符合 B2 的形状的像素。B1 和 B2 可以是由 STREL 函数返回的平面结构元素对象，也可以是邻域数组。B1 和 B2 的域不应该有任何共同元素。bwhitmiss(A,B1,B2) 等同于 imerode(A,B1)&imerode (～A,B2)。

2. 当击中或击不中结构元素较小时，可使用查找表法快速计算

MATLAB 提供两个函数 makelut 和 applylut 实现这种技术，其使用方法说明如下。

(1) lut = makelut(fun,n)，返回一个用于 applylut 的查找表。fun 是一个函数，接受一个 $n×n$ 的由 1 和 0 组成的矩阵，并返回一个标量，n 可以是 2 或 3。makelut 通过将所有可能的 2×2 或 3×3 的邻域传递给 fun，一次一个，并构建一个 16 元素的向量(对于 2×2 的邻域)或 512 元素的向量(对于 3×3 的邻域)来创建 lut。这个向量由 fun 对每个可能的邻域的输出组成。

(2) A = applylut(BW,LUT)，通过使用查找表(LUT)对二进制图像 BW 进行 2×2 或 3×3 的邻接操作。LUT 是一个由 makelut 返回的 16 元素或 512 元素的向量。该向量由

所有可能的 2×2 或 3×3 邻域的输出值组成。

3. 端点检测函数

R. C. Gonzalez 等编写了一个端点检测函数，其作用是计算并运用查找表在输入图像中检测端点，其使用方法说明如下。

g = endpoints(f)，计算二值图像 f 的端点，并将其返回到二值图像 g 中。

9.3.5 bwmorph 函数

bwmorph 函数可基于膨胀、腐蚀和查找表操作的组合实现许多有用的操作，其使用方法说明如下。

g = bwmorph(f,operation,n)，其中，f 为一幅输入的二值图像，operation 为一个指定期望操作的字符串，n 为一个用于指定将被重复操作次数的正整数。表 9-2 描述了函数 bwmorph 的有效运算集合。

表 9-2 函数 bwmorph 支持的运算

运算字符串	描述
'bothat'	使用一个 3×3 结构元素的"低帽"操作；其他结构元素使用 imbothat
'bridge'	连接由单个像素缝隙分隔的像素
'clean'	去掉孤立的前景像素
'close'	使用一个 3×3 结构元素的闭运算；其他结构元素使用 imclose
'diag'	围绕对角线相连的前景像素进行填充
'dilate'	使用一个 3×3 结构元素的膨胀操作；其他结构元素使用 imdilate
'erode'	使用一个 3×3 结构元素的腐蚀操作；其他结构元素使用 imerode
'fill'	填充单个像素"洞"（背景像素被前景像素环绕）；其他结构元素使用 imerode
'hbreak'	去掉 H 形连接的前景像素
'majority'	若一个像素 3×3 邻域中至少有 5 个像素为前景像素，则使该像素为前景像素；否则，使该像素为背景像素
'open'	使用一个 3×3 结构元素的开运算；其他结构元素使用函数 imopen
'remove'	去掉"内部"像素
'shrink'	将物体收缩成没有洞的点；将带洞的物体收缩成环形
'skel'	骨骼化图像
'spur'	去掉"毛刺"像素
'thichen'	粗化物体而不加入不连贯的 1
'thin'	将物体细化到最低限度相连的没有断点的线；将物体细化成带洞的环形
'tophat'	使用一个 3×3 结构元素的"高帽"操作；其他结构元素使用函数 imtophat

9.3.6 连通分量函数

1. 连通分量函数 bwlabel

连通分量函数 bwlabel 的使用方法说明如下。

[L,num] = bwlabel(f,conn)，用于计算一幅二值图像中的所有的连通分量。其中，f 为一幅输入的二值图像，返回一个与 f 相同大小的矩阵 L；conn 用于指定期望的连接方式，conn 的值可以是 4 或 8，表示 4 连通或 8 连通的对象，如果省略该参数，默认为 8；L 的元素是大于或等于 0 的整数，标记为 0 的像素是背景；标记为 1 的像素组成一个物体；标记为 2 的像素组成第二个物体，以此类推。

2. 函数 find

函数 find 的使用方法说明如下。

ind = find(A)，找到数组 A 中所有的非零元素，并返回相对应的索引，若数组 A 中没有非零元素或数组 A 是个空数组，则返回空数组。

[r,c] = find(A)，返回矩阵 A 的非零元素的行和列索引。

[r,c,v] = find(A)，除了返回行索引和列索引，还以列向量 v 返回矩阵 A 的非零值。

9.4 实 验 举 例

本节介绍几个数学形态学的例子。

【例 9-1】 图像显著性区域检测是近年来计算机视觉和图像处理领域的研究热点之一，其目标是在计算机上实现像人眼一样快速判断图像中显著性区域，可以广泛用于目标识别、图像编辑以及图像检索等领域。形态学处理可作为检测过程中的一种辅助手段，主要用于图像预处理阶段，图 9-1 所示为一幅二值图像，试通过膨胀运算对其进行处理。

```
A = imread('图9-1(a).jpg ');
B = [0 0 1 0 0; 0 0 1 0 0; 1 1 1 1 1; 0 0 1 0 0; 0 0 1 0 0];
A1 = imdilate(A, B);
subplot(1, 2, 1), imshow(A), title('H字母图像');
```

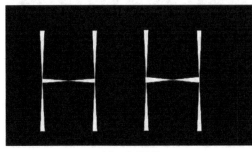

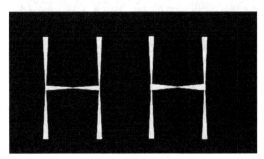

(a)H 字母图像　　　　　　　　　　　　(b)膨胀图像

图 9-1　二值图像的膨胀运算

```
subplot(1, 2, 2), imshow(A1), title('膨胀图像');
```

运行上述 MATLAB 代码，结果如图 9-1 所示。可以看出，图像中的两个 H 字母经过膨胀运算后整体变粗了。

【**例 9-2**】 腐蚀操作在数学形态学上的作用是消除物体的边界点，使边界向内部收缩的过程，经过腐蚀后的图像中的物体会收缩或细化，试采用腐蚀运算对图 9-2(a) 的二值图像进行处理。

```
A = imread('图9-2(a).jpg');
se = strel('disk', 1); A1 = imerode(A, se);
se = strel('disk', 2); A2 = imerode(A, se);
se = strel('disk', 3); A3 = imerode(A, se);
subplot(2, 2, 1), imshow(A), title('蕨类植物叶子图像');
subplot(2, 2, 2), imshow(A1), title('R = 1腐蚀图像');
subplot(2, 2, 3), imshow(A2), title('R = 2腐蚀图像');
subplot(2, 2, 4), imshow(A3), title('R = 3腐蚀图像');
```

运行上述 MATLAB 代码，结果如图 9-2 所示，可以看出，随着结构元素的半径越来越大，蕨类植物叶子图像中物体轮廓越来越细，甚至出现了部分消失(如右侧第二片叶子)。

(a)蕨类植物叶子图像

(b)R＝1腐蚀图像

(c)R＝2腐蚀图像

(d)R＝3腐蚀图像

图 9-2　二值图像的腐蚀运算

【例 9-3】　二值图像的开运算和闭运算是腐蚀和膨胀的级联结合。其中，开运算能够去除孤立的小点、毛刺，消除小物体、平滑较大物体的边界，同时并不明显改变其面积。闭运算能够填充小孔，弥合小裂缝，而总的位置和形状不变。试对图 9-3(a)的二值图像进行开运算与闭运算。

```
f = imread('图9-3(a).jpg ');
se = strel('disk', 1);
fo = imopen(f, se); fc = imclose(f, se); foc = imclose(fo, se);
subplot(2, 2, 1), imshow(f), title('圆形树叶图像');
subplot(2, 2, 2), imshow(fo), title('开运算图像');
subplot(2, 2, 3), imshow(fc), title('闭运算图像');
subplot(2, 2, 4), imshow(foc), title('先开后闭运算图像');
```

运行上述 MATLAB 代码，图 9-3 所示为三种运算结果图，分别是开运算、闭运算和先开后闭运算，结构元素是半径为 1 的碟形结构元素。图 9-3(b)所示的开运算结果中，由于先腐蚀再膨胀，去除了图片中的小噪声；图 9-3(c)所示的闭运算结果中，由于先膨胀后腐蚀，叶片内部的缝隙被填充了；图 9-3(d)所示是对原图先开后闭，消除了缝隙的连通，同时叶片的边缘变平滑了。

【例 9-4】　击中或击不中变换是基于两次腐蚀组合形成的形态学运算，主要应用在图像中某些特定形状的精确定位，如轮廓、形状和位置等，击中探索图像内部，击不中探索图像外部。经处理后的特征可作为后续识别任务所需的特征。考虑用击中或击不中变换定位图像中的对象的左上角像素。图 9-4(a)所示为不同角数的星星。要定位东、南邻域像素(这些是"击中")和没有东北、北、西北、西和西南邻域像素(这些是"击不中")的前景像素，由此构造以下两个结构元素。

(a) 圆形树叶图像　　　　　　　　　　(b) 开运算图像

(c)闭运算图像　　　　　　　　　　　　(d)先开后闭运算图像

图 9-3　二值图像的开运算和闭运算

```
f = imread('图9-4(a).jpg');
B1 = strel([0 0 0; 0 1 1; 0 1 0]);
B2 = strel([1 1 1; 1 0 0; 1 0 0]);
g = bwhitmiss(f, B1, B2);
subplot(1, 2, 1), imshow(f), title('星星图像');
subplot(1, 2, 2), imshow(g), title('每个对象的左上角像素');
```

运行上述 MATLAB 代码，图 9-4(b)中每个像素点是图 9-4(a)中的对象的左上角像素。

图 9-4

(a)星星图像　　　　　　　　　　　　　(b)每个对象的左上角像素

图 9-4　击中或击不中实验结果

【例 9-5】　用 bwmorph 函数去掉图像中对象的内点。

```
f = imread('图9-5(a).jpg ');
```

```
se = strel('square', 3); % 开运算和闭运算去除原图像中的噪声
fo = imopen(f, se);
foc = imclose(fo, se);
g1 = bwmorph(foc, 'clean'); % 去掉对象中的内点
subplot(3, 2, 1), imshow(f), title('数字图像');
subplot(3, 2, 2), imshow(fo), title('开运算图像');
subplot(3, 2, 3), imshow(foc), title('闭运算图像');
subplot(3, 2, 4), imshow(g1), title('去掉内点图像');
```

运行上述 MATLAB 代码，结果如图 9-5 所示。可以看出开运算和闭运算消除了背景区域中的细小噪声图 9-5(b)，去掉内点(即若像素的 4 邻域都为 1，则像素为 0)后的图像显现了数字的轮廓线图 9-5(d)。

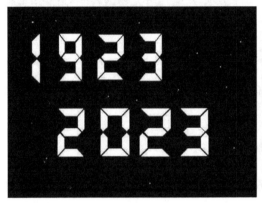
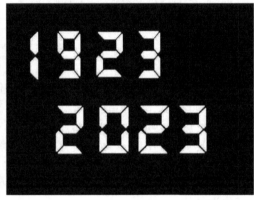

(a)数字图像　　　　　　　　　　　　　　　　　　(b)开运算图像

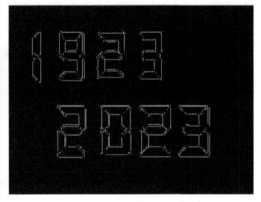

(c)闭运算图像　　　　　　　　　　　　　　　　　　(d)去掉内点图像

图 9-5　bwmorph 函数用于去内点

【例 9-6】　骨骼化是另一种将二值图像中的对象简约为一组细骨骼的方法。该过程在很大程度上保留了原始区域的范围和连通性，同时丢弃了大多数原始前景像素，但它们仍然保留了原始对象形状的重要信息。图 9-6(a)所示为不同形状的箭头，通过调用函

数 bwmorph 对图 9-6(a)的二值图像实现骨骼化。

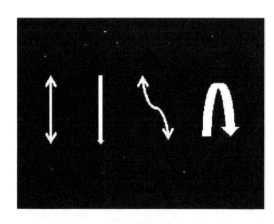 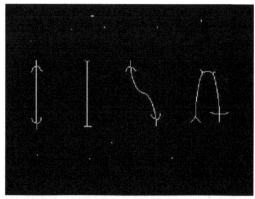

(a)箭头图像   (b)骨骼化后图像

图 9-6   二值图像骨骼化

```
% bwmorph函数设置参数为skel来实现骨骼化
f = imread('图9-6(a).jpg ');
fs1 = bwmorph(f, 'skel', Inf);
subplot(1, 3, 1), imshow(f), title('箭头图像');
subplot(1, 3, 2), imshow(fs1), title('骨骼化后的图像');
```

运行上述 MATLAB 代码, 结果如图 9-6(b)所示。可以看出原图像中的 4 个箭头都被细化为骨架。

【例 9-7】   图 9-7(a)为英文 CHIAN 的艺术字体图像, 计算和显示图像连通分量的质心。

```
f = imread('图9-7.jpg ');
[L, n] = bwlabel(f); % 计算8连通分量
imshow(f);
hold on
for k = 1:n
    [r,c] = find(L == k);
    rbar = mean(r);
    cbar = mean(c);
    plot(cbar, rbar, 'Marker', 'o', 'MarkerEdgeColor', 'k', 'MarkerFaceColor',
'k', 'MarkerSize', 10);
    plot(cbar, rbar, 'Marker', '*', 'MarkerEdgeColor', 'w');
End
```

运行上述 MATLAB 代码, 结果如图 9-7(b)所示。可以看出, 在图像中的字母 C、H、I、A、N 上用白色星号 (背景为黑色小圆盘) 标记了其质心的位置。

(a)艺术字体图像　　　　　　　　　　　　(b)标记了质心的图像

图 9-7　连通区域的质心(白色星号)

【例 9-8】　二值形态学运算可扩展到灰度图像，试使用膨胀和腐蚀运算提取灰度图像的边缘。

```
f = imread('图9-8(a).jpg');
se = strel('square', 3);
gd = imdilate(f, se);
ge = imerode(f, se);
morph_grad = imsubtract(gd, ge); % 膨胀之后的图像减去腐蚀过的图像
```

运行上述 MATLAB 代码，结果如图 9-8 所示。图 9-8(a)为一幅海鸥的灰度图像，图 9-8(b)为膨胀运算后的图像，图 9-8(c)为腐蚀运算后的图像。从膨胀后的图像中减去腐蚀过的图像可产生一个"形态学梯度"，它是检测图像中局部灰度级变化的一种度量。图 9-8(d)即图 9-8(a)的"形态学梯度图"。

(a)海鸥图像　　　　　　　　　　　　　　(b)膨胀运算后的图像

(c)腐蚀运算后的图像　　　　　　　　　　　　　(d)膨胀图减去腐蚀图得到的边缘图像

图9-8　灰度图像的边缘提取

【**例 9-9**】　　开运算可用于去除比结构元素更小的明亮细节，闭运算可用于去除比结构元素更小的暗色细节，若使用二者的组合则可以用来平滑图像并去除噪声。为了研究二者的组合效果，使用函数 imopen 和 imclose 对图 9-9(a)进行形态学平滑。

```
f = imread('图9-9(a).jpg');
se = strel('disk', 3);
fo = imopen(f, se);
foc = imclose(fo, se);
subplot(2, 2, 1), imshow(f), title('气泡图像');
subplot(2, 2, 2), imshow(fo), title('开运算图像');
subplot(2, 2, 3), imshow(foc), title('闭运算图像');
```

运行上述 MATLAB 代码，图 9-9(a)所示为气泡图像，图 9-9(b)为经开运算的图像，图 9-9(c)为经开运算后再经闭运算的图像，可以看到背景和细节的平滑效果。这种过程通常称为开-闭滤波。闭-开滤波可以产生类似的结果。

另外也可交替组合使用开运算和闭运算进行交替顺序滤波。交替顺序滤波的一种形式是用一系列不断增大的结构元素来执行开-闭滤波。下面的命令示例了该过程，开始时使用的是一个较小的结构元素，然后增加其大小，直到其大小与获得图 9-9(b)、(c)所用的结构元素的大小相同为止。

```
% 接前面
ff = f;
for k = 1:3
    se = strel('disk', k);
    ff = imclose(imopen(ff, se), se);
end
subplot(2, 2, 4), imshow(ff), title('开-闭交替滤波图像');
```

与单个开-闭滤波器相比，采用交替顺序滤波的方法得到的图 9-9(d)所示的结果要稍微平滑一些。

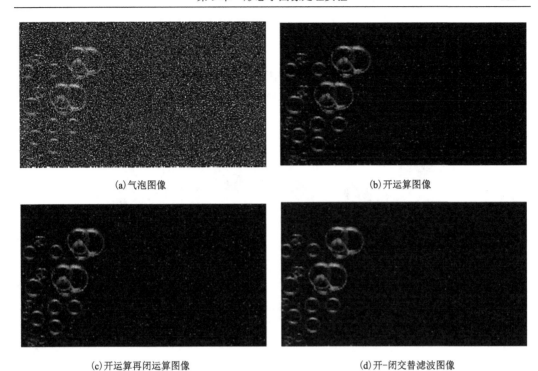

(a)气泡图像　　　　　　　　　　　　　　　　　(b)开运算图像

(c)开运算再闭运算图像　　　　　　　　　　　(d)开-闭交替滤波图像

图 9-9　灰度图像的形态学平滑

习　　题

9-1　二值图像去噪及填充实验。

图题 9-1 所示为蕨类植物叶子图像。请设计 MATLAB 程序，实现去除图题 9-1 的噪声，并用白色填充矩形区域内部(用腐蚀、膨胀等运算)。

图题 9-1　蕨类植物叶子图像

9-2 灰度图像去噪和纹理提取实验。

图题 9-2 中有两种半径不同的圆，背景中有颗粒很小的噪声，请设计 MATLAB 程序，先去除背景中的小颗粒噪声，再分别提取大圆和小圆的图像，即把两种半径的圆区分开。

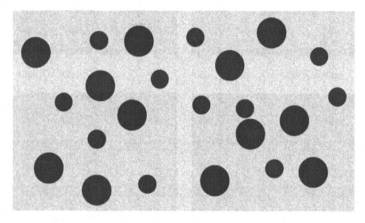

图题 9-2　circle 图像

9-3 灰度图像边缘提取实验。

图题 9-3 为部分希腊字母图像，请设计 MATLAB 程序，用函数 imdilate 和 imerode 进行边缘提取实验，并比较采用不同结构元素和参数时的边缘提取效果。

图题 9-3　部分希腊字母图像

9-4 灰度图像的平滑实验。

请设计 MATLAB 程序，用函数 imopen 和函数 imclose 对图题 9-4 的红外图像进行开闭运算，以去除或减弱亮区和暗区的各类噪声。请比较采用不同参数时的实现效果之间的差异。也可以使用另外的图像进行实验。

图题 9-4　红外图像

9-5　中空轮廓线实验。

中空轮廓在日常生活中很常见，例如，图题 9-5(a)所示建筑物外侧的窗户，窗户之间形成了褐色的中空轮廓，图题 9-5(b)为中空轮廓的放大图。图题 9-5(c)所示为星形纹理图。请设计形态学算法将图题 9-5(c)中的单线条转换为图题 9-5(a)和图题 9-5(b)中的中空轮廓。可以设计多个实现方案，并比较其不同的结果。

(a)带有中空轮廓线的窗户

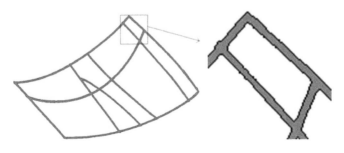

(b) 中空轮廓线的局部放大图

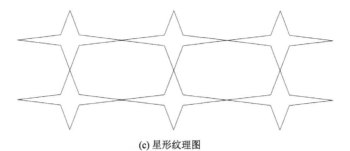

(c) 星形纹理图

图题 9-5　中空轮廓提取图

第 10 章　图像分割实验

10.1　实　验　目　的

本实验是对图像进行分割，主要目的是学习和掌握空间域图像分割的种类、原理和方法，包括阈值分割和区域分割等；熟悉 MATLAB 编程技巧和常用的图像分割函数用法；学会根据实际应用中的需求，选择合适的分割方法，使图像达到预期效果。

10.2　实　验　原　理

图像分割是把图像划分为若干个特定的、具有独特性质的部分或对象的过程并提取出感兴趣目标的技术和过程。单色图像的分割利用了图像亮度的不连续性和相似性两个基本性质，若图像的灰度值不连续，可根据灰度的突变来检测边界，将图像分割为多个区域；基于相似性的图像分割，可根据预定义的准则将图像分割为多个相似的区域。彩色图像的分割则较为复杂，参见第 7 章。现有的图像分割方法主要分以下几类：基于阈值的分割方法、基于区域的分割方法、基于边缘的分割方法以及基于特定理论的分割方法等。

10.3　孤立点、线和边缘检测

本节将讨论在数字图像中检测亮度不连续的三种基本类型：点、线和边缘。查找不连续性的常用方法是对整个图像应用一个模板。对于一个 $n \times n$ 的模板来说，该过程涉及计算系数和该模板覆盖区域所包含的灰度级的乘积之和。模板在图像中任意一点的响应 R 由式(10.1)给出。

$$R = w_1 z_1 + w_2 z_2 + \cdots + w_{n^2} z_{n^2} = \sum_{i=1}^{n^2} w_i z_i \tag{10.1}$$

式中，z_i 为与模板系数 w_i 相关的像素的灰度。

10.3.1　孤立点与线检测

1. 孤立点检测

孤立点指的是一个被背景像素围绕的前景像素，或一个被前景像素围绕的背景像素。孤立点检测是指检测一幅图像的恒定区域或亮度几乎不变的区域里的孤立点。检测在均匀或近似均匀的区域出现的孤立点，可以采用点检测模板，用滤波方法实现。如果滤波器在滤波模板中心点响应值的绝对值大于等于预定的阈值 T，则检测到孤立点。常用的孤立点检测模板如下。

$$\begin{bmatrix} -1 & -1 & -1 \\ -1 & 8 & -1 \\ -1 & -1 & -1 \end{bmatrix}$$

2. 线检测

线指的是一条细边缘线段，其两侧的背景灰度与线段的像素灰度存在着显著差异。线检测可以采用不同方向的检测模板，用滤波方法实现。常见的线检测模板有水平方向、垂直方向和±45°方向。

$$\begin{bmatrix} -1 & -1 & -1 \\ 2 & 2 & 2 \\ -1 & -1 & -1 \end{bmatrix} \quad \begin{bmatrix} -1 & 2 & -1 \\ -1 & 2 & -1 \\ -1 & 2 & -1 \end{bmatrix} \quad \begin{bmatrix} 2 & -1 & -1 \\ -1 & 2 & -1 \\ -1 & -1 & 2 \end{bmatrix} \quad \begin{bmatrix} -1 & -1 & 2 \\ -1 & 2 & -1 \\ 2 & -1 & -1 \end{bmatrix}$$

水平方向   垂直方向   +45°方向   −45°方向

利用方向模板进行线检测会受到很大的限制，因为模板的方向不可能是任意方向。要检测图像中任意方向的线，需要利用 Hough 变换。

当今广泛用于图像分析、计算机视觉和图像处理的 Hough 变换，是 R. Duda 和 P. Hart 在 1972 年提出的，起源于 1962 年 P. Hough 的一项专利，D. H. Ballard 在 1981 年发表的一篇论文"推广 Hough 变换检测任意形状"，使 Hough 变换广为计算机视觉界熟知。Hough 变换原理如图 10-1 所示。

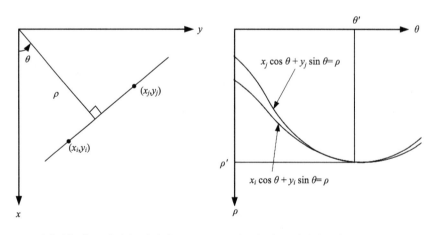

(a) 直角坐标系下两点确定一条直线   (b) 极坐标系下两条曲线的交点确定直线参数

图 10-1   Hough 变换原理

对于平面中的一条直线，在笛卡儿坐标系中，常见的有点斜式、两点式两种表示方法。然而，在 Hough 变换中，考虑的是另外一种参数极坐标系表示方式：使用 (ρ, θ) 来表示一条直线，其中，ρ 为原点到该直线的距离，θ 为原点到该直线的垂线与 x 轴的夹角，如图 10-1(a)所示。

Hough 变换思想为：在笛卡儿坐标系下的一个点对应了参数坐标系中的一条直线，同样参数坐标系的一条直线对应笛卡儿坐标系下的一个点，笛卡儿坐标系下一条直线上的所有点，它们的斜率和截距是相同的，所以它们在参数坐标系下对应于同一个点。将笛卡儿坐标系下的各个点投影到参数坐标系下之后，看参数坐标系下有没有聚集点，这样的聚集点就对应了笛卡儿坐标系下的直线。

在实际应用中，采用参数方程 $\rho = x\cos\theta + y\sin\theta$，笛卡儿坐标系上的一个点就对应到参数 (ρ, θ) 平面上的一条曲线上。设笛卡儿坐标系中每一个点有 n 个方向的直线通过，通常 $n = 180$，此时检测的直线的角度精度为 $1°$，分别计算这 n 条直线的 (ρ, θ) 坐标，得到 n 个坐标点。如果要判断的点共有 N 个，最终得到的 (ρ, θ) 坐标有 $N \times n$ 个，其中，θ 为离散的角度，共有 180 个取值。如果笛卡儿坐标系中有多个点在一条直线上，那么必有这多个点在 θ 等于某个 θ_i 值时，这多个点的 ρ 近似相等于 ρ_i，也就是说这多个点都在同一条直线 (ρ_i, θ_i) 上，这样就找到了笛卡儿坐标系中的一条直线。

10.3.2　边缘检测

边缘检测是图像处理和计算机视觉中的基本问题，边缘检测的目的是找出数字图像中亮度变化明显的点。这些点通常反映了深度不连续、表面方向不连续、物质属性变化和场景照明等图像属性的显著变化。

设一幅图像中 3×3 大小的区域如下，其中，$z_i (i = 1, 2, \cdots, 9)$ 为灰度值，中心像素 z_5 坐标为 (x, y)。

z_1	z_2	z_3
z_4	z_5	z_6
z_7	z_8	z_9

常用的边缘检测算子有以下几种。

1. Sobel 边缘检测算子

Sobel 边缘检测算子使用下面的模板来近似计算一阶导数 g_x 和 g_y，一个是检测水平边缘的模板，另一个是检测垂直边缘的模板。

$$\begin{bmatrix} -1 & -2 & -1 \\ 0 & 0 & 0 \\ 1 & 2 & 1 \end{bmatrix} \quad \begin{bmatrix} -1 & 0 & 1 \\ -2 & 0 & 2 \\ -1 & 0 & 1 \end{bmatrix}$$

水平模板　　　　垂直模板

则一幅图像 $f(x, y)$ 在 (x, y) 的梯度幅度可由 Sobel 算子按式(10.2)计算：

$$\nabla f = \left[g_x^2 + g_y^2 \right]^{1/2} = \left\{ \left[(z_7 + 2z_8 + z_9) - (z_1 + 2z_2 + z_3) \right]^2 + \left[(z_3 + 2z_6 + z_9) - (z_1 + 2z_4 + z_7) \right]^2 \right\}^{1/2}$$

(10.2)

设定一个阈值 T，若在像素 (x, y) 处的梯度幅度 $\nabla f \geqslant T$，则该像素是一个边缘像素。

2. Prewitt 边缘检测算子

Prewitt 边缘检测算子使用下面的模板来计算一阶导数 g_x 和 g_y。Prewitt 也是由两部分组成：检测水平边缘的模板和检测垂直边缘的模板。梯度幅度计算公式与式(10.2)类似。

$$\begin{bmatrix} -1 & -1 & -1 \\ 0 & 0 & 0 \\ 1 & 1 & 1 \end{bmatrix} \qquad \begin{bmatrix} -1 & 0 & 1 \\ -1 & 0 & 1 \\ -1 & 0 & 1 \end{bmatrix}$$

　　　　水平模板　　　　　垂直模板

3. LoG 边缘检测算子

考虑二维高斯函数

$$G(x,y) = \exp\left(-\frac{x^2 + y^2}{2\sigma^2}\right) \tag{10.3}$$

式中，σ 为标准差。这是一个平滑函数，若高斯函数与一幅图像进行卷积运算，则会使图像变模糊。模糊的程度由 σ 的值决定。由于对噪声非常敏感，拉普拉斯算子作为二阶导数几乎不直接用于边缘检测，但它与高斯函数结合产生的高斯拉普拉斯算子(LoG)具有较强的边缘检测能力，其计算如下。

$$\nabla^2 G(x,y) = \frac{\partial^2 G(x,y)}{\partial x^2} + \frac{\partial^2 G(x,y)}{\partial y^2} = -\left[\frac{x^2 + y^2 - 2\sigma^2}{\sigma^4}\right]\exp\left(\frac{x^2 + y^2}{2\sigma^2}\right) \tag{10.4}$$

因为拉普拉斯算子(求二阶导数)是线性运算,所以用 $\nabla^2 G(x,y)$ 与一幅图像做卷积运算(滤波),等效于先用高斯平滑函数与图像进行卷积,再计算卷积结果的拉普拉斯算子。这样会产生两个效果：用高斯函数对图像卷积会使图像变平滑，减少噪声对边缘检测的影响；在平滑后的图像上计算拉普拉斯算子，产生双边缘图像，定位边缘就是找到两个边缘之间的零交叉点。

4. Canny 边缘检测算子

Canny 算子是 J.F.Canny 于 1986 年提出的一个功能强大的边缘检测算法，它基于 Canny 提出的最优边缘检测准则：①边缘检测算子必须是一个好的检测，即算法能够尽可能多地标识出图像中的实际边缘；②边缘检测算子必须具备好的定位能力，即它标识出的边缘要尽可能与图像中的实际边缘尽可能接近；③边缘检测算子必须具有最小响应，即图像中的边缘只能标识一次，并且可能存在的图像噪声不应标识为边缘。

Canny 边缘检测算子步骤如下。

(1)去噪声。用带有指定标准偏差 σ 的高斯滤波器对图像进行平滑，减少噪声。

(2)寻找图像中的亮度梯度。在每一个像素点处计算局部梯度幅度 $g(x,y) = \left[g_x^2 + g_y^2\right]^{1/2}$ 和边缘方向 $\alpha(x,y) = \arctan\left(g_y/g_x\right)$。边缘点定义为梯度方向上其强

度局部最大的点。

(3)在图像中跟踪边缘。步骤 2 中确定的边缘点会导致梯度幅度图像中出现脊。算法追踪所有脊的顶部,并将所有不在脊的顶部的像素设为零,以便在输出中给出一条细线,脊像素使用两个阈值 T_1 和 T_2 做阈值处理,其中 $T_1 < T_2$,梯度值大于 T_2 的脊像素称为强边缘像素, T_1 和 T_2 之间的脊像素称为弱边缘像素。

(4)边缘连接。通过将 8 连接的弱像素融合成强像素,实现边缘连接。

10.4 基于阈值的图像分割

阈值分割就是简单地用一个或几个阈值将图像的灰度直方图分成几类,认为图像中灰度值在同一个灰度类内的像素属于同一个物体。阈值分割法主要有两个步骤:第一,确定进行正确分割的阈值;第二,将图像的所有像素的灰度值与阈值进行比较,以进行区域划分,达到目标与背景分离的目的。

10.4.1 全局阈值分割

1. 基于全局阈值分割

全局阈值分割是指采用固定的阈值作用于整幅图像将像素点从图像中分割出来。阈值的选取是全局阈值分割的关键点,选取阈值的一种方法是对图像直方图进行目视检查。如果图像直方图具有双模态,则很容易在两个模态之间选择一个合适的阈值将两者分割开来。还可以采用试错方法(Trial and Error),选择不同的阈值进行图像分割,直到对分割结果满意为止。此外,还可根据图像的特征进行阈值的设置。

在图像处理中,图像分割通常采用迭代方法选择阈值。下面的迭代步骤可以实现阈值的自动选择。

(1)为全局阈值选择一个初始估计值 T。

(2)使用 T 分割图像。这会产生两组像素:由所有灰度值大于 T 的像素组成的 G_1,由所有灰度值小于等于 T 的像素组成的 G_2。

(3)分别计算区域 G_1 和 G_2 中像素的平均灰度值 m_1 和 m_2。

(4)计算一个新的阈值:

$$T = \frac{1}{2}(m_1 + m_2) \tag{10.5}$$

(5)重复步骤(2)~步骤(4),直到连续两次迭代所得的阈值 T 之差小于一个预定义的 ΔT 值为止。

(6)用阈值 T 将图像分为两个部分。

2. Otsu 最佳阈值分割

Otsu 法是最大类间方差法,有时也称之为大津算法,它使用聚类的思想,使用一个阈值将整个数据分成两个类,若两个类之间的方差最大,那么这个阈值就是最佳的阈值。

类间方差法对噪声和目标大小很敏感，它仅对类间方差为单峰的图像分割效果较好。当目标与背景的大小比例悬殊时，类间方差准则函数可能呈现双峰或多峰，此时效果不好。

设 T 为初始阈值，用 T 对图像进行分割。w_0 为分割后前景像素点数占图像总像素数的比例，u_0 为分割后前景像素点的平均灰度值，w_1 为分割后背景像素点数占图像总像素数的比例，u_1 为分割后背景像素点的平均灰度值，$u = w_0 \times u_0 + w_1 \times u_1$ 为图像总平均灰度值，$\sigma = w_0 \times (u_0 - u)^2 + w_1 \times (u_1 - u)^2$ 为前景和背景的方差。

对阈值 T 在 L 个灰度级中进行遍历，使得 T 等于某个灰度值时，前景和背景的方差最大，则这个 T 便是要求的最佳分割阈值。

3. 基于边缘的改进全局阈值分割

若直方图的峰是高的、窄的、对称的，且被深谷分开，则较容易选择出好的阈值。改进直方图形状的一种方法是仅考虑那些位于或接近物体和背景间边缘的像素，用这些像素计算新的直方图。算法如下，其中 $f(x, y)$ 是输入图像。

(1) 使用点、线和边缘检测方法中的任何方法由 $f(x, y)$ 计算一幅边缘图像。边缘图像可以是梯度或拉普拉斯算子的绝对值。

(2) 指定一个阈值 T。

(3) 使用阈值 T 对步骤 (1) 产生的边缘图像进行阈值处理，产生一幅二值图像 $g_T(x, y)$。这幅图像在步骤 (4) 中用做一幅标记图像，以便从 $f(x, y)$ 中选取对应于"强"边缘的像素。

(4) 仅使用 $f(x, y)$ 中对应于 $g_T(x, y)$ 中像素值为 1 的位置的像素来计算直方图。

(5) 使用由步骤 4 生成的直方图，采用 Otsu 方法来全局分割 $f(x, y)$。

10.4.2　局部阈值分割

所谓局部阈值分割法是将原始图像划分成较小的图像，并对每个子图像选取相应的阈值进行分割。在阈值分割后，相邻子图像之间的边界处可能产生灰度级的不连续性，需用平滑技术进行处理。

1. 可变阈值分割

当背景照明非常不均匀时，全局阈值处理通常会失败。在这种情况下，可以采用可变阈值处理的分割方法。该方法对图像中的每个像素点 (x, y) 计算其邻域中像素的标准差 σ_{xy} 和均值 m_{xy}，它们是局部对比度和平均灰度的描述子，则该点的可变局部阈值可用 $T_{xy} = a\sigma_{xy} + bm_{xy}$ 或 $T_{xy} = a\sigma_{xy} + bm_G$ 计算，其中，m_G 为全局图像灰度均值；a、b 为待定常数。分割后的图像像素值计算如下。

$$g(x, y) = \begin{cases} 1 & (f(x, y) > T_{xy}) \\ 0 & (f(x, y) \leqslant T_{xy}) \end{cases} \tag{10.6}$$

2. 基于移动平均的阈值分割

局部阈值处理方法的一个特殊情况是沿一幅图像的扫描线来计算移动平均。图像扫描通常按 Zigzag 模式逐行进行，以便减少照明偏差。令 z_{k+1} 是在图像扫描序列中，在第 $k+1$ 步遇到的一个点。在新点处的移动平均(平均灰度)由式(10.7)给出。

$$m(k+1) = \frac{1}{n}\sum_{i=k+2-n}^{k+1} z_i = m(k) + \frac{1}{n}(z_{k+1} - z_{k+1-n}) \tag{10.7}$$

式中，n 为计算平均时使用的点数。图像中每一个像素点 (x, y) 的移动平均计算完成后，分割图像的像素值可用式(10.8)计算。

$$g(x,y) = \begin{cases} 1 & (f(x,y) > Km_{xy}) \\ 0 & (其他) \end{cases} \tag{10.8}$$

式中，K 是区间 $[0,1]$ 内的常数；m_{xy} 为输入图像中的点 (x, y) 处的移动平均。

10.5　基于区域生长的分割

10.5.1　基本概念

设用 R 表示整个图像区域，图像分割可看作是把 R 分成 n 个子区域 $R_1, R_2, R_3, \cdots, R_n$ 的处理过程，这 n 个子区域满足下列条件。

(1) $\bigcup_{i=1}^{n} R_i = R$，即全部子区域的并集为整个图像区域。

(2) R_i 是一个连接区域，$i = 1, 2, \cdots, n$。

(3) $R_i \cap R_j = \varnothing$，所有的 i 和 j，$i \neq j$，即任意两个子区域不相交。

(4) $P(R_i) = \text{TRUE}$，$i = 1, 2, \cdots, n$。

(5) $P(R_i \cup R_j) = \text{FALSE}$，对任何邻接区域 R_i 和 R_j。

其中，$P(R_i)$ 是定义在集合 R_i 中的点上的逻辑谓词，$\varnothing$ 是空集。

10.5.2　区域生长

区域生长是根据预先定义的生长准则把像素或子区域聚合成更大区域的处理方法。基本处理方法是以一组"种子"点开始来形成生长区域，即将那些预定义属性类似于种子的邻接像素附加到每个种子上，如指定的灰度级或颜色。

10.5.3　区域分离与合并

另一种区域生长的方法是先将图像细分为一组任意且互不相连的区域，然后在满足 10.5.1 节规定的条件下合并或分离这些区域，最终达到图像分割的效果。

区域分离与合并步骤如下。

(1)把任意满足 $P(R_i) = \text{FALSE}$ 的区域 R_i 分为 4 个不相连的象限。

(2) 当不可能再分时，合并任何满足 $P(R_j \bigcup R_k) = \text{TRUE}$ 的区域 R_j 和 R_k。

(3) 发现不可能进一步合并时，停止。

10.6 基于分水岭变换的分割

基于分水岭变换的图像分割，是一种基于拓扑理论的数学形态学的分割方法，其基本思想是把图像视为测地学上的拓扑地貌，图像中每一像素点的灰度值表示该点的海拔高度，每一个局部极小值及其影响区域称为集水盆，而集水盆的边界则形成分水岭。分水岭的概念和形成可以通过模拟浸入过程来说明。在每一个局部极小值表面，刺穿一个小孔，然后把整个模型慢慢浸入水中，随着浸入的加深，每一个局部极小值的影响域慢慢向外扩展，在两个集水盆汇合处构筑大坝，即形成分水岭，进一步完成图像分割。

1. 采用距离变换的分水岭分割

在图像分割中，与分水岭变换配合使用的常用工具是距离变换。二值图像的距离变换是一个相对简单的概念：它是一个像素到最近非零值像素的距离。图 10-2 所示为距离变换。图 10-2(a) 所示为一个二值图像矩阵，图 10-2(b) 所示为相应的距离变换。注意，值为 1 的像素的距离变换为 0。

1	1	0	0	0
1	1	0	0	0
0	0	0	0	0
0	0	0	0	0
0	1	1	1	0

0.00	0.00	1.00	2.00	3.00
0.00	0.00	1.00	2.00	3.00
1.00	1.00	1.41	2.00	2.24
1.41	1.00	1.00	1.00	1.41
1.00	0.00	0.00	0.00	1.00

(a) 二值图像   (b) 距离变换

图 10-2　距离变换

2. 采用梯度的分水岭分割

使用分水岭变换对图像进行分割之前，通常要使用梯度幅度来预处理图像。梯度幅度图像在沿对象的边缘处有较高的像素值，而在其他地方则有较低的像素值。理想情况下，分水岭变换会沿对象边缘处产生分水岭脊线。

3. 采用标记控制的分水岭分割

分水岭变换直接用于梯度图像时，噪声和梯度的其他局部不规则性常常会导致过分割。其导致的问题可能会非常严重，以至于产生不可用的结果。解决该问题的一种方法是基于标记符的概念。标记符是待分割图像的连通分量，如果有一个内部标记符集合（处在每一个感兴趣对象的内部）和一个外部标记符集合（包含在背景中），可使用这些标记符来修改梯度图像。

选择标记的典型过程由两个主要步骤组成：①预处理；②定义标记必须满足的一个准则集合。假设将内部标记定义为：①被更高"海拔"点包围的区域；②区域中形成一个连通分量的那些点；③连通分量中所有的点有相同灰度值。在内部标记的限制下，在允许的梯度图像最小值区域应用分水岭变换，就可以得到分水线。而外部标记有效地将图像分成不同的区域，每个区域都包含一个单一的内部标记和部分背景。

10.7　相关的 MATLAB 函数

10.7.1　孤立点、线和边缘检测函数

1. 线性空间滤波函数 imfilter

滤波函数 imfilter 的使用方法说明如下。

B = imfilter(A,h,options)，A 是图像，可以是逻辑的，也可以是一个非稀疏的数值数组，h 是滤波器，B 为滤波输出图像。options 选项指定边界填充方法、输出图像的大小和计算滤波的方法。边界填充方法包括 4 个：①X，用某个固定数值 X（默认值为 0）填充；②'symmetric'，按边界镜像对称填充；③'replicate'，用最近邻像素值填充；④'circular'，根据图像周期性填充。输出图像大小包括 2 个：①'same'（默认值），B 的大小与 A 相同；②'Full'，B 的大小为 size(A)+size(h)-1。滤波计算方法包括 2 个：①'corr'（默认值），用相关计算滤波输出；②'conv'，用卷积计算滤波输出。

2. 二维统计顺序滤波函数 ordfilt2

滤波函数 ordfilt2 的使用方法说明如下。

B = ordfilt2(A,order,domain,padopt)，A 是图像，order 是滤波器输出的顺序值，domain 是滤波窗口，由 1 和 0 组成的逻辑矩阵。函数对 domain 指定的邻域中的值为 1 的元素对应的 A 中的像素值进行排序，用其中第 order 个元素替换滤波窗口中心对应的 A 中的元素。domain 中值为 0 的元素对应的像素值不参加排序。A 的数据类型可以是数值型，也可以是逻辑型。B 的类型与 A 的类型相同，除非使用了 ordfilt2 的附加偏移形式，在这种情况下 B 的类是双精度的。padopt 指定图像边界填充方法有 2 个：'zeros'（默认值）、'symmetric'。

3. 边缘检测函数 edge

边缘检测函数 edge 的使用方法说明如下。

BW = edge(I, method, threshold)，I 是图像，method 是选定的边缘检测方法，threshold 是指定的敏感度阈值。edge 函数以灰度图像或二值图像 I 作为输入，根据 method 指定的边缘检测方法，返回与 I 大小相同的二值图像 BW，其中 1 表示图像边缘像素，而 0 表

示非边缘像素。

edge 支持六种检测方式。

（1）method = "Sobel"，使用 Sobel 算子检测边缘，它在图像 I 的梯度最大值的点返回边缘。

（2）method = "Prewitt"，使用 Prewitt 算子检测边缘，它在图像 I 的梯度最大值的点返回边缘。

（3）method = "Roberts"，使用 Roberts 算子检测边缘，它在图像 I 的梯度最大值的点返回边缘。

（4）method = "log"，使用 LoG 算子检测边缘，它寻找经 LoG 算子滤波后的零交叉点返回边缘。

（5）method = "zero-cross"，先用指定的滤波器对图像 I 进行滤波，然后通过寻找滤波图像的零交叉点检测边缘。

（6）method = "Canny"，使用 Canny 算子检测边缘，通过寻找图像 I 的梯度的局部极大值来检测边缘。先用高斯滤波器平滑图像，去除噪声，然后计算平滑图像的梯度。该方法使用两个阈值检测强和弱边缘，当弱边缘与强边缘相连时，完成边缘检测。因此这个方法与其他方法相比，更容易检测到真正的弱边缘。

4. 转浮点函数 tofloat

函数 tofloat 用来将图像转换为指定精度的浮点数，其使用方法说明如下。

[out, revertclass] = tofloat(in)，将输入图像 in 转换为浮点数类型。如果 in 是一个双精度图像或单精度图像，那么 out 等于 in。否则，out 等于 im2single(in)。revertclass 是一个函数句柄，可用于转换回 in 的类型。

5. 函数 pixeldup

函数 pixeldup 其使用方法说明如下。

B = pixeldup(A, m, n)，通过复制每个像素点 m×n 次将图像扩大 m×n 倍，A 是输入图像，B 是输出图像，参数 m 和 n 必须是整数，如果 n 值未给出，它默认为 m 的值。

10.7.2 基于阈值的图像分割函数

1. 函数 graythresh

函数 graythresh 使用最大类间方差法来获得一个阈值，其使用方法说明如下。

level = graythresh(I)，使用最大类间方差法由图像 I 找到一个合适的阈值，该阈值在[0, 1]范围内。graythresh 使用了 Otsu 的方法，该方法通过最小化阈值分割的黑白像素的类内方差来选择最佳阈值。利用这个阈值通常比人为设定的阈值能更好地把一幅灰度图像转换为二值图像。将灰度图像转换为二值图像可以使用 imbinarize 函数实现。

2. 局部阈值函数 localthresh

函数 localthresh 的使用方法说明如下。

g = localthresh(f, nhood, a, b, meantype)，计算输入图像 f 的局部阈值，并用该阈值对图像 f 进行分割，输出分割图像 g。其中，参数 nhood 为邻域的大小，a 为标量常数，b 为非负的标量，meantype 指定计算均值的方式。若 f > a*SIG 且 f > b*MEAN，则 g = 1，否则 g=0。当 meantype = 'local'(默认值)时，MEAN 是一个局部均值数组，当 meantype = 'global'时，MEAN 是图像的全局均值。SIG 为图像的局部标准差。

3. 函数 otsuthresh

函数 otsuthresh 是使用 Otsu 的方法根据直方图计数来计算全局阈值 T，其使用方法说明如下。

[T, SM] = otsuthresh(h)，使用输入直方图 h 计算最佳阈值 T，同时返回可分性度量参数 SM。阈值 T 的取值范围为[0,1]。

4. 函数 localmean

函数 localmean 用来计算给定图像的局部均值，其使用方法说明如下。

mean = localmean(f, nhood)，其中，f 为输入图像，nhood 为邻域的大小。

5. 函数 movingthresh

函数 movingthresh 采用移动平均阈值分割图像，其使用方法说明如下。

g = movingthresh(f, n, K)，其中，f 为输入图像，n 为计算平均时所用的点数，K 为区间[0,1]的常数。

10.7.3　区域生长函数

区域生长函数 regiongrow 的使用方法说明如下。

[g, NR, SI, TI] = regiongrow(f, S, T)，其中，f 是待分割图像，参数 S 可以是一个数组(与 f 大小相同)或一个标量。若 S 是一个数组，则它在所有种子点的坐标处必须为 1，而在其他位置处为 0。若 S 是一个标量，则它定义一个亮度值，f 中灰度值等于该值的所有像素点都将变成种子。同样 T 也可以是数组(与 f 大小相同)或标量。若 T 是数组，则它为 f 中的每个种子位置定义一个阈值，若 T 是标量，则它定义一个全局阈值。g 保存分割后的图像，NR 为分割后的区域数，SI 为最终的种子图像，TI 由 f 中满足阈值测试的像素组成，但这些像素还没有根据连通性进行处理。

10.7.4　区域分离与合并的函数

1. 四叉树分解函数 qtdecomp

函数 qtdecomp 的使用方法说明如下。

S = qtdecomp (f, @split_test, paramaters)，其中，f 为输入图像，S 为包含四叉树结构的稀疏矩阵。若 S (k,m) 非零，则 (k,m) 是分解中的一个左上角块，且该块的大小是 S (k,m)。函数 split_test 用来确定一个区域是否被分离，paramaters 是函数 split_test 所要求的附加参数。

2. 函数 qtgetblk

函数 qtgetblk 能从四叉树分解中得到实际的四叉树像素值，其使用方法说明如下。
[vals, r, c] = qtgetblk (f, S, m)，其中，vals 为一个数组，它包含 f 的四叉树分解中大小为 m×m 的块的值，S 是由函数 qtdecomp 返回的稀疏矩阵，参数 r 和 c 是包含左上角块的行坐标和列坐标的向量。

3. 基于分离一合并算法的分割函数 splitmerge

函数 splitmerge 的使用方法说明如下。
g = splitmerge (f, mindim, @predicate)，其中，f 为输入图像，g 为输出图像，其中的每一个连接区域都用不同的整数来标注。参数 mindim 定义分解中所允许的最小块，该参数必须是 2 的整数次幂。

4. 函数 predicate

函数 predicate 是一个用户定义的函数，它必须包括在 MATLAB 路径中，其使用方法说明如下。
flag = predicate (region)，若 region 中的像素满足函数中代码定义的条件，则函数返回 true；否则，函数返回 false。

10.7.5　基于分水岭分割所用到的函数

1. 分水岭变换函数 watershed

函数 watershed 的使用方法说明如下。
L = watershed (f,conn)，计算一个标识输入图像 f 的分水岭区域的标签矩阵 L。f 可以是任意维度的数值型或逻辑型数组，通常是二维或三维的。L 的元素是大于等于 0 的整数值，标记为 0 的元素不属于一个特定的分水岭区域。L 大于 0 的元素标识了输入图像的“分水岭像素”。标记为 1 的元素属于第一个区域，标记为 2 的元素属于第二个区域，以此类推。参数 conn 指定像素之间的连通类型，在二维情况下，conn 可以取值 4 或 8 (默认值)，对于三维的情况，conn 可以取值 6、18 或 26 (默认值)。对于更高的维度，分水岭变换使用 conndef (ndims (f),'maximal') 给出的连通性。

2. 函数 imregionalmin

函数 imregionalmin 用于计算图像中局部最小区域的位置，其使用方法说明如下。

rm = imregionalmin (f, conn)，计算 f 的区域最小值，输出的二值图像 rm 对应 f 的属于区域最小值的像素值为 1，否则为 0。rm 和 f 的维度一样。最小值区域是具有相同灰度值的像素组成的连通分量，其外部边界像素的值都大于这个值。参数 conn 指定像素之间的连通类型，参见函数 watershed 的说明。

3. 函数 imextendedmin

函数 imextendedmin 用于计算图像中的"低点"集合，其使用方法说明如下。

im = imextendedmin (f, h)，计算扩展最小变换，它是 H-minima 变换的区域最小值。h 为非负标量。最小值区域含义参见函数 imregionalmin 的说明，参数 conn 的含义参见函数 watershed 的说明。

4. 函数 imimposemin

函数 imimposemin 使用形态学修正算法对输入图像进行修改，让输入图像在二进制标记图像为非零的地方有局部最小值，其使用方法说明如下。

mp = imimposemin (f,bw,conn)，使用形态重建修改灰度掩膜图像 f，使其仅在二进制标记图像 BW 为非零的地方具有区域最小值。bw 是与 f 维度相同的二值图像。参数 conn 的含义参见函数 watershed 的说明。

10.8　实　验　举　例

【例 10-1】　孤立点的检测，是检测嵌在一幅图像的恒定区域或亮度几乎不变的区域里的孤立点，通常是一个微小的区域。图 10-3 (a) 显示了一幅漆黑图像中存在一个白点 (原图像为彩色)，用模板检测法检测该点。

```
f = imread('图10-3(a).jpg');
f = rgb2gray(f);
w = [-1 -1 -1; -1 8 -1; -1 -1 -1];
g = abs(imfilter(tofloat(f), w));
T = max(g(:));
g = g >= T;
subplot(1, 2, 1); imshow(f);
subplot(1, 2, 2); imshow(g);
```

运行上述 MATLAB 代码。通过将阈值 T 选为滤波后图像 g 中最大值，然后在 g 中找到满足 $g \geqslant T$ 的所有点，就可识别出最大响应的点，这些点是镶嵌在恒定或近似恒定背景上的孤立点。图 10-3 (b) 展示了 T 设置为 max (g(:)) 时，有一个孤立的点满足条件 $g \geqslant T$。

(a)不明显白点的灰度图像 (b)所检测到孤立点的图像

图 10-3 孤立点检测

【例 10-2】 图 10-4(a)所示为一幅太阳光线的灰度图像(原图为彩色图像)。假设要找到所有宽度为一个像素且方向为–45°的线,图 10-4(b)～(f)展示了线检测的结果。

```
f = imread('图10-4(a).jpg');
imshow(f)
w = [2 -1 -1; -1 2 -1; -1 -1 2];
g = imfilter(tofloat(f), w);
figure, imshow(g, [ ])
gtop = g(1:120, 1:120); % 左上角区域
gtop = pixeldup(gtop, 4); % 通过像素复制放大区域
figure, imshow(gtop, [ ])
gbot = g(end-119:end, end-119:end);
gbot = pixeldup(gbot, 4);
figure, imshow(gbot, [ ])
g = abs(g);
figure, imshow(g, [ ]);
T = max(g(:));
g = g >= T;
figure, imshow(g);
```

运行上述 MATLAB 代码。图 10-4(c)、(d)所示分别为–45°方向左上方、右下方两个区域的放大片段。图 10-4(e)所示为图 10-4(b)的绝对值。如果对最强的响应感兴趣,可令 T 等于图像中的最大值。图 10-4(f)所示为其值满足条件 g≥T 的白点,其中 g 是图 10-4(e)所示的图像。图中不存在对掩膜有着强烈响应的点,即孤立点。

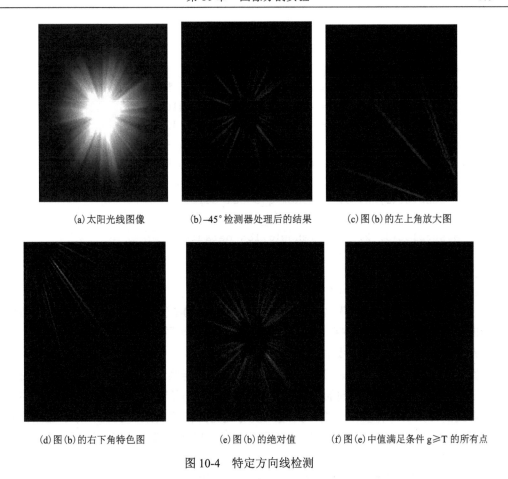

(a)太阳光线图像　　　　(b)−45°检测器处理后的结果　　　(c)图(b)的左上角放大图

(d)图(b)的右下角特色图　　　(e)图(b)的绝对值　　　(f)图(e)中值满足条件 g≥T 的所有点

图 10-4　特定方向线检测

【例 10-3】　　图 10-5 所示为一幅梅州中西合璧的老建筑,梅州是中国著名的侨乡,有很多与图 10-5 类似的老建筑。请使用 Sobel、LoG、Canny 边缘检测器检测图像中的边缘并比较实验结果,通过对比分析,Sobel、LoG 和 Canny 哪种边缘检测方法效果更好?

图 10-5　梅州老建筑图像

```
f = imread('图10-5.jpg ');
f = rgb2gray(f);
imshow(f);
[g_sobel_default, ts] = edge(f, 'sobel'); % 图10-6(a)
[g_log_default, tlog] = edge(f, 'log'); % 图10-6(c)
[g_canny_default, tc] = edge(f, 'canny'); % 图10-6(e)
g_sobel_best = edge(f, 'sobel', 0.05); % 图10-6(b)
g_log_best = edge(f, 'log', 0.003, 2.25); % 图10-6(d)
g_canny_best = edge(f, 'canny', [0.04 0.10], 1.5); % 图10-6(f)
h1 = subplot(3, 2, 1); imshow(g_sobel_default);
h2 = subplot(3, 2, 2); imshow(g_sobel_best);
h3 = subplot(3, 2, 3); imshow(g_log_default);
h4 = subplot(3, 2, 4); imshow(g_log_best);
h5 = subplot(3, 2, 5); imshow(g_canny_default);
h6 = subplot(3, 2, 6); imshow(g_canny_best);
```

运行上述MATLAB代码,结果如图10-6所示。图10-6(a)、(c)、(e)分别为使用'sobel'、'log'和'canny'边缘检测算子在默认参数情况下得到的边缘图像, 图 10-6(b)、(d)、(f)分别为设置了这三个算子的参数得到的边缘图像。

如图 10-6(b)所示,Sobel 算子检测得到的结果在走廊内侧窗户的检测效果不好。图10-6(d)所示的 LoG 算子得到的结果要比 Sobel 算子检测结果好一些,比其在默认参数情况下得到的结果要好得多,但窗户的边缘没有完整的检测出来。Canny 算子检测得到的结果(见图 10-6(f))要远远好于前两种算子。内侧窗户的边缘被清晰地检测出来,其他细节检测得也比较好。

这个例子用来比较 Sobel、LoG 和 Canny 边缘检测器的相关性能。通过提取图 10-5 所示的房屋图像的主要边缘特征并去掉不重要的细节,从而产生一个干净的边缘"映射"。

(a) Sobel 边缘检测效果图　　　　　　　　　　　(b) Sobel 边缘检测效果图(设置参数后)

 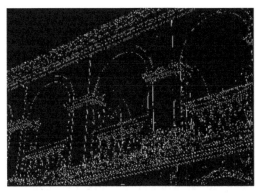

(c) LoG 边缘检测效果图　　　　　　　　　　(d) LoG 边缘检测效果图(设置参数后)

(e) Canny 边缘检测效果图　　　　　　　　　(f) Canny 边缘检测效果图(设置参数后)

图 10-6　参数设置对 Sobel、LoG 和 Canny 边缘检测器效果的影响

【例 10-4】　荷花是中国十大名花之一，图 10-7 所示为一幅荷花灰度图像。请使用基本全局阈值方法和 Otsu 方法计算阈值，对该图像进行分割，比较两种方法的结果。

图 10-7　荷花图像

```
%  基本全域阈值分割
f = imread('图10-7.jpg');
count = 0;
T = mean2(f);
done = false;
while ~ done
count = count + 1;
  g = f >= T;
  Tnext = 0.5*(mean(f(g)) + mean(f(~g)));
  done = abs(T - Tnext) < 0.5;
  T = Tnext;
end
g = imbinarize(f, T);
%  Otsu方法最佳阈值分割
[T1, SM] = graythresh(f);
g1 = imbinarize(f, T1);
figure, imhist(f)
figure, imshow(g)
figure, imshow(g1)
```

运行上述 MATLAB 代码，结果显示迭代 5 次（count=5）就得到全局阈值 T=77.6503，使用该阈值分割图像，结果如图 10-8(b)所示。使用 Otsu 方法计算得到的图像分割有效性度量 SM=0.6860，归一化最佳阈值 T1=0.3020，转换为灰度阈值 T1=0.3020*255=77.0，这个阈值与基本全局阈值方法得到的阈值 T 几乎相同，因此分割结果也非常相似，如图 10-8(c)所示。注意，SM 值越高，则图像分为目标和背景两类的可分性就越高。

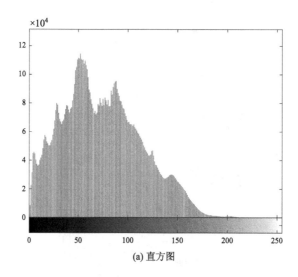

(a) 直方图

(b)基本全局阈值分割的结果　　　　　　　　　(c) Otsu 方法分割的结果

图 10-8　全局阈值分割

【例 10-5】　胸部 CT 是指利用 CT 设备对胸部进行检查，是目前临床上诊断胸部疾病最常用的一种检查方法。通过胸部 CT 检查，可以了解患者气管支气管、肺、胸膜、胸膜腔、心脏大血管以及胸壁等胸部器官或组织的结构和功能是否存在异常。图 10-9(a)是一幅胸部 CT 图像，请用全局阈值分割方法将图像中的亮区域分离出来。

```
f = tofloat(imread('图10-9(a).jpg'));
f = im2double(f);
[Tf, SMf] = graythresh(f1);
gf = im2bw(f1, Tf);  % Otsu方法得到的图像分割结果
w = [-1 -1 -1; -1 8 -1; -1 -1 -1];
lap = abs(imfilter(f1, w, 'replicate')); % 拉普拉斯算子提取边缘信息
h = imhist(lap);
Q = percentile2i(h, 0.995);
markerImage = lap > Q;
fp = f1.*markerImage;
hp = imhist(fp);
hp(1) = 0;
T = otsuthresh(hp);
g = im2bw(f1, T); figure,
subplot(2, 3, 1); imshow(f1);
subplot(2, 3, 2); imhist(f1);
subplot(2, 3, 3); imshow(gf);
subplot(2, 3, 4); imshow(fp);
subplot(2, 3, 5); bar(hp);
subplot(2, 3, 6); imshow(g);
```

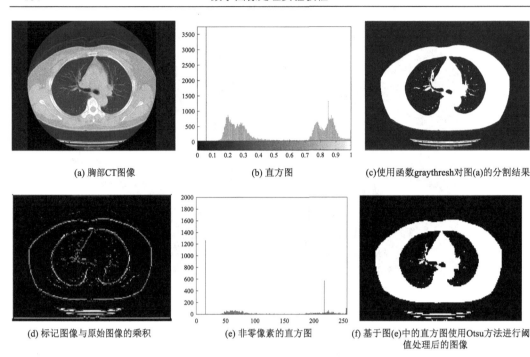

(a) 胸部CT图像　　　　　　(b) 直方图　　　　　(c)使用函数graythresh对图(a)的分割结果

(d) 标记图像与原始图像的乘积　　(e) 非零像素的直方图　　(f) 基于图(e)中的直方图使用Otsu方法进行阈值处理后的图像

图 10-9　改进全阈值分割

运行上述 MATLAB 代码，结果如图 10-9 所示。图 10-9(b) 为 CT 图像的直方图，图 10-9(c) 是直接采用 Otsu 方法对 CT 图像分割的结果，阈值 Tf = 0.4902，可分性度量 SMf = 0.8999。图 10-9(d) 为标记图像与 CT 图像乘积，其中，标记图像采用如下方法得到：使用拉普拉斯算子检测 CT 图像边缘并计算边缘强度，找到 99.5%对应的亮度值 Q，对应边缘强度矩阵中值大于 Q 的位置，标记图像为 1，其他位置为 0。图 10-9(e) 是图 10-9(d) 的直方图，图 10-9(f) 是基于图 10-9(e) 的直方图用 Otsu 方法分割的结果，阈值 T = 0.5569，比 Tf 要大一些。与图 10-9(c) 的分割结果相比，图 10-8(f) 抑制了更多灰度值较小的细节。

【例 10-6】　图像分割技术常用于生物细胞显微图像处理。图 10-10(a) 为一幅细胞核图像，主要有三个灰度值不同的区域。从背景中分割出细胞，并从细胞体中分割出细胞核(内部的亮区域)，若使用全局阈值处理方法，则无法完成图像的分割，应使用局部阈值方法得到较好的分割结果。

```
f = imread('图10-10(a).jpg ');
f = rgb2gray(f);
[TGlobal] = graythresh(f);
gGlobal = im2bw(f, TGlobal); % 全局阈值方法得到的分割结果
g = localthresh(f, ones(3), 30, 1.5, 'global');  % 局部阈值法
SIG = stdfilt(f, ones(3)); %局部标准差
subplot(2, 2, 1); imshow(f);
subplot(2, 2, 2); imshow(gGlobal);
subplot(2, 2, 3); imshow(SIG);
subplot(2, 2, 4); imshow(g);
```

运行上述 MATLAB 代码，结果如图 10-10 所示。图 10-10(b)显示了使用 Otsu 方法分割的结果，图像仅被分割为两个部分。采用全局阈值的方法从背景中部分地分割出细胞是可能的，但该分割方法不能提取出细胞核。因为细胞核要比细胞体明亮一些，所以围绕细胞核边界的标准差相对较大，而围绕细胞边界的标准差相对较小一些，如图 10-10(c)所示。故认为基于局部标准差的函数 localthresh 可用于细胞核的提取，结果如图 10-10(d)所示。

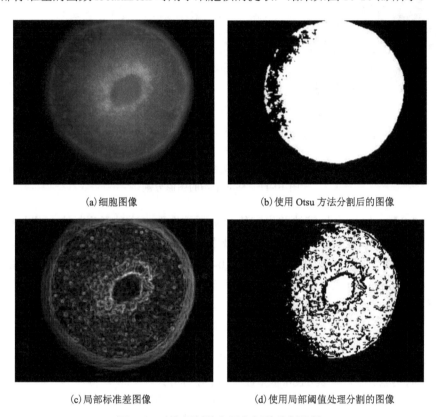

(a)细胞图像　　　　　　　　　　　　　(b)使用 Otsu 方法分割后的图像

(c)局部标准差图像　　　　　　　　　　(d)使用局部阈值处理分割的图像

图 10-10　全局阈值与局部阈值分割比较

【例 10-7】　局部阈值处理方法的一个特例是沿一幅图像的扫描线来计算移动平均。图 10-11(a)所示为一幅有阴影的手写书名图像，请使用该图像来探究移动平均阈值分割的效果。

```
f = imread('图10-11(a).jpg');
f = rgb2gray(f);
T = graythresh(f);
g1 = im2bw(f, T); % 全局otsu方法分割
g2 = movingthresh(f, 20, 0.9); % 移动平均局部阈值方法
figure;
subplot(1, 3, 1); imshow(f);
subplot(1, 3, 2); imshow(g1);
subplot(1, 3, 3); imshow(g2);
```

运行上述 MATLAB 代码，结果如图 10-11 所示。图 10-11(b)所示为使用 Otsu 全局

阈值方法分割的结果，图 10-11(c)所示为使用移动平均的局部阈值处理的成功分割。

笔画平均宽度是 16 个像素，经验令窗口平均宽度为平均笔画宽度的 5 倍，在 movingthresh(f, n, k)中令 $n = 80$，并使用 $K = 0.9$。从图中可以看出，移动平均分割能减少光照偏差，且计算简单。

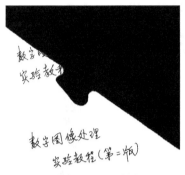 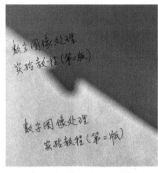 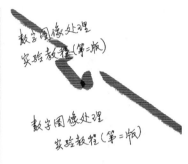

(a)被遮光污染的文本图像　　(b)Otsu全局阈值处理方法得到的结果　　(c)移动平均局部阈值处理得到的结果

图 10-11　移动平均的图像分割

【例 10-8】　区域生长算法首先在待分割区域选取一个种子生长点，将与种子有相同或相似性质的邻域像素合并到生长的区域中，并作为新的种子点重复以上步骤直至没有新的像素点加入，则区域生长完成。图 10-12(a)所示为一幅包含天空和海鸥的图像。请使用函数 regiongrow 来分割海鸥和天空两个区域,在分割过程中首先应该决定种子点，然后设置其阈值，最后来实现分割。

```
f = imread('图10-12(a).jpg ');
f1 = rgb2gray(f);
% 设置种子点灰度值为115，阈值为15
[g, NR, SI, TI] = regiongrow(f1, 115, 15);
subplot(2, 2, 1), imshow(f1), title('海鸥仰视图像');
subplot(2, 2, 2), imshow(SI), title('标注的种子点'); % 显示种子点位置
subplot(2, 2, 3), imshow(TI), title('满足阈值条件的像素点');
subplot(2, 2, 4), imshow(g), title('最终分割结果'); % 区域生长后的分割图
```

 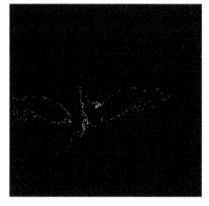

(a)海鸥仰视图像　　　　　　　　　　(b)标注的种子点

(c)满足阈值条件的像素点　　　　　　　　　　(d)最终分割结果

图 10-12　区域生长的图像分割

　　运行上述 MATLAB 代码，图 10-12(b)所示为种子点，而图 10-12(c)所示为所有通过阈值测试的点，图 10-12(d)所示为图像分割的结果。与图 10-12(a)对比之后，发现区域生长能够分割前景和背景，而在分割过程中阈值的设置和种子点选取决定图像最后分割结果。该方法虽然简单易实现且能取得不错的分割效果，但是该方法空间和时间的开销较大，耗费资源多且运行效率较低，并且需要人工设定种子点，对噪声的敏感可能会导致空洞和过分割现象。

　　【例 10-9】　当 X 射线穿过人体时，由于遇到人体中的不同密度的组织结构，部分光子被吸收，而未被吸收的光子穿过人体组织，被检测器接收到，这就是 CT 图像的成像原理。图 10-13(a)所示为一幅手掌的 CT 图像，请使用区域分离与合并算法对 CT 图进行分割。

```
f = imread('图10-13(a).jpg');
f1 = rgb2gray(f);
g64 = splitmerge(f1, 64, @predicate);
g32 = splitmerge(f1, 32, @predicate);
g16 = splitmerge(f1, 16, @predicate);
g8 = splitmerge(f1, 8, @predicate);
g4 = splitmerge(f1, 4, @predicate);
g2 = splitmerge(f1, 2, @predicate);
subplot(4, 1, 1), imshow(f1), title('CT图像');
subplot(4, 2, 3), imshow(g64), title('最小块为64×64时的分割图像');
subplot(4, 2, 4), imshow(g32), title('最小块为32×32时的分割图像');
subplot(4, 2, 5), imshow(g16), title('最小块为16×16时的分割图像');
subplot(4, 2, 6), imshow(g8), title('最小块为8×8时的分割图像');
subplot(4, 2, 7), imshow(g4), title('最小块为4×4时的分割图像');
subplot(4, 2, 8), imshow(g2), title('最小块为2×2时的分割图像');
```

图 10-13(b)～(g)显示了使用函数 splitmerge，且参数 mindim 的值分别为 64、32、16、8、4 和 2 时进行分割的结果，所有图像均显示了带有细节的分割结果，这些结果反

比于 mindim 的值。

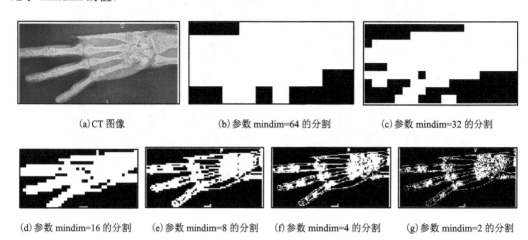

(a)CT 图像　　　　(b)参数 mindim=64 的分割　　　　(c)参数 mindim=32 的分割

(d)参数 mindim=16 的分割　　(e)参数 mindim=8 的分割　　(f)参数 mindim=4 的分割　　(g)参数 mindim=2 的分割

图 10-13　区域分离与合并的图像分割

区域分裂合并法克服了区域生长法的缺点，不需要选取种子点，是一种从整体到局部的方法，该方法首先将待分割图像划分成若干个互不重叠的子区域。然后，根据一定的分裂合并准则确定子区域进行分裂或合并操作。当不存在满足分裂与合并条件时，图像完成分割。该例子的目的在于分割出手掌的骨头特征。在图像中手掌外环区域数据的均值(平均亮度)应该比背景(值为 0)的均值大，而比区域较大且较亮的中心区域的均值小，利用这两个参数来对区域进行分割。

【例 10-10】　分水岭变换常与距离变换结合用于图像分割。请使用基于距离变换的分水岭变换来分割图 10-14(a)所示不同形状的齿轮图像。

```
f = imread('图10-14(a).jpg');
f = rgb2gray(f);
g = im2bw(f, graythresh(f)); % Otsu算法的分割图
L = watershed(f); % 直接用分水岭算法的分割图
gc = ~g;
D = bwdist(gc); % 距离计算
L = watershed(-D); % 负分水岭分割
w = L == 0;
g2 = g&~w;
subplot(3, 2, 1), imshow(f), title('尺轮图像');
subplot(3, 2, 2), imshow(g), title('二值图像');
subplot(3, 2, 3), imshow(gc), title('二值图像的补图像');
subplot(3, 2, 4), imshow(D), title('距离变换');
subplot(3, 2, 5), imshow(~uint8(L)), title('负分水岭脊线'); % 将L转换为8位
无符号整型并取反，可以增强分水岭脊线的显示效果
subplot(3, 2, 6), imshow(g2), title('叠加在二值图像上的分水岭脊线');
```

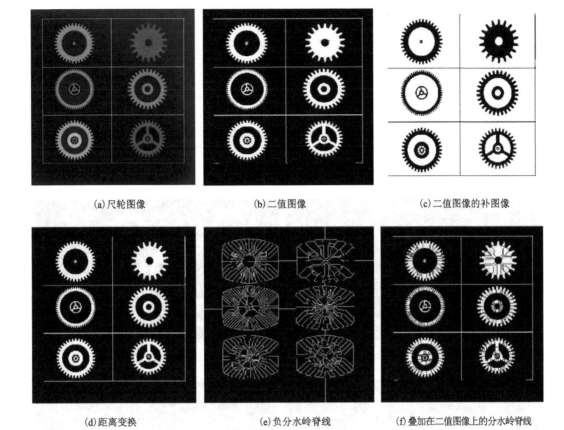

<table>
<tr><td>(a) 尺轮图像</td><td>(b) 二值图像</td><td>(c) 二值图像的补图像</td></tr>
<tr><td>(d) 距离变换</td><td>(e) 负分水岭脊线</td><td>(f) 叠加在二值图像上的分水岭脊线</td></tr>
</table>

图 10-14　基于距离变换的分水岭分割

　　运行上述 MATLAB 代码，结果如图 10-14(b)～(f) 所示。首先将图像变为二值图像，然后进行图像求补，计算其距离变换，距离变换可以用工具箱函数 bwdist 来计算，最后原二值图像和图像 w 求补的逻辑与操作可完成分割。

　　【例 10-11】　图 10-15(a) 显示了一幅气泡的图像，先用线性滤波的方法或者形态学的方法来计算其梯度，再分割这幅图像。

```
f = imread('图10-15(a).png');
f = rgb2gray(f);
h = fspecial('sobel');
fd = im2double(f);
% 用sobel算子计算梯度再计算梯度的分水岭变换并找到分水岭脊线
g1 = sqrt(imfilter(fd, h, 'replicate').^2 + imfilter(fd, h, 'replicate').^2);
L1 = watershed(g1);
wr1 = L1 == 0;
f1 = f;
f1(wr1) = 255;
% 形态学开-闭平滑滤波，然后进行分水岭变换
g2 = imclose(imopen(g1, ones(3, 3)), ones(3,3));
```

```
L2 = watershed(g2);
wr2 = L2 == 0;
f2 = f;
f2(wr2) = 255;
subplot(3, 2, 1), imshow(f), title('小气泡图像');
subplot(3, 2, 2), imshow(g1), title('梯度幅度图像');
subplot(3, 2, 3), imshow(f1), title('分水岭变换图像');
subplot(3, 2, 4), imshow(g2), title('平滑后的梯度图像');
subplot(3, 2, 5), imshow(f2), title('梯度图像平滑后的分水岭变换');
```

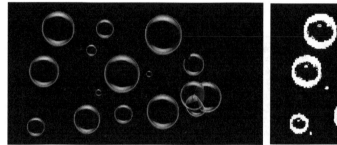

(a)小气泡图像　　　　　　　　　(b)梯度幅度图像

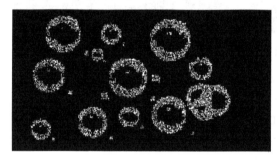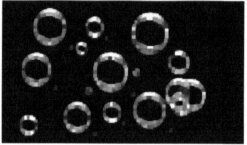

(c)分水岭变换图像　　　　　　　(d)平滑后的梯度图像

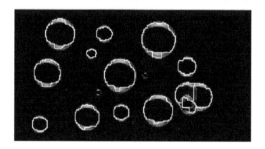

(e)梯度图像平滑后的分水岭变换

图 10-15　采用梯度的分水岭分割

　　运行上述 MATLAB 代码，结果如图 10-15 所示。图 10-15(b)所示为使用 Sobel 算子检测的梯度幅度图像，图 10-15(c)所示为在梯度图像上进行分水岭变换的结果，

图 10-15(d)所示为使用形态学开-闭运算对梯度图像进行平滑滤波的结果，图 10-15(e)所示为对图 10-15(d)再进行分水岭变换的结果。可以看出，使用形态学开-闭运算对梯度图像滤波后再进行分水岭变换，图像分割效果明显优于直接对梯度图像进行变换的分割方法。

【例 10-12】　　分水岭分割算法常用来把图像中连接在一起的目标物体分割出来。分水岭分割算法把图像看成一幅"地形图"，其中亮度比较强的区域像素值较大，而比较暗的区域像素值较小，通过寻找"汇水盆地"和"分水岭界限"，对图像进行分割。直接应用分水岭分割算法的效果往往并不好，如果在图像中对前景对象和背景对象进行标注区别，再应用分水岭算法会取得较好的分割效果。在这个例子中，使用控制标记符的分水岭算法分割图 10-16(a)。从计算梯度图像的分水岭变换得到的结果开始。

```matlab
f = imread('图10-16(a).png');
f1 = rgb2gray(f);
h = fspecial('sobel');
fd = double(f1);
g = sqrt(imfilter(fd, h, 'replicate').^2+imfilter(fd, h, 'replicate').^2);
L = watershed(g);
wr = L == 0;
g1 = f1;
g1(wr) = 255;
rm = imregionalmin(g);
im = imextendedmin(f1, 12);
fim = f1;
fim(im) = 175;
Lim = watershed(bwdist(im));
em = Lim == 0;
g2 = imimposemin(g, im | em);
L2 = watershed(g2);
f2 = f1;
f2(L2 == 0) = 255;
subplot(4, 2, 1), imshow(f1), title('灰度图像');
subplot(4, 2, 2), imshow(g1), title('基于梯度幅度图像分水岭变换的分割结果');
subplot(4, 2, 3), imshow(~L), title('梯度幅度图像的分水岭脊线');
subplot(4, 2, 4), imshow(rm), title('梯度图像的最小区域');
subplot(4, 2, 5), imshow(fim), title('内部标记图像');
subplot(4, 2, 6), imshow(~Lim), title('外部标记图像');
subplot(4, 2, 7), imshow(~L2), title('梯度图修正后的分水岭脊线');
subplot(4, 2, 8), imshow(f2), title('标记控制的分水岭变换分割结果');
```

运行上述 MATLAB 代码，结果如图 10-16(b)~(g)所示。从图中可以看出，直接使用梯度图像的分水岭变换进行分割，存在过分割的情况，如图 10-16(b)所示。通过对梯度图像进行修正，然后使用标记控制的分水岭变换进行分割，效果提升很明显，如图 10-16(h)所示。在本例中，使用函数 imextendedmin 来获得外部标记符集合。其中，灰度阈值参数取值为 12，连通性参数使用 8 连通。灰度阈值会影响分割结果，阈值越小分割得越细。

 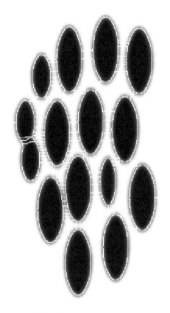

(a) 灰度图像   (b) 基于梯度幅度图像分水岭变换的分割结果

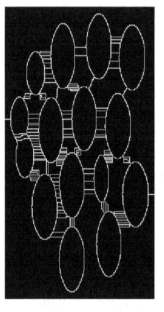 

(c) 梯度幅度图像的分水岭脊线   (d) 梯度图像的最小区域

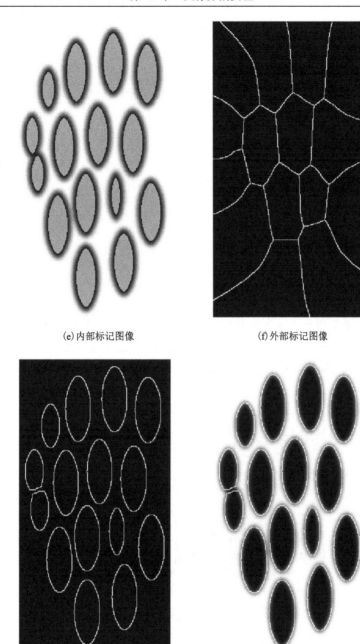

(e)内部标记图像　　　　　　　　　　　　(f)外部标记图像

(g)梯度图修正后的分水岭脊线　　　　　(h)标记控制的分水岭变换分割结果

图 10-16　使用控制符标记的分水岭分割

习　　题

10-1　随着汽车的普及，交通安全问题越来越受到人们的重视，车道线作为先进驾驶辅助系统的重要部分，能够为系统确定车辆所在车道位置，并提供车道偏离预警决策依据。图题 10-1 为车道线路图，请选择合适的车道线检测算法，对该图像进行车道线检测。

图题 10-1　车道线路图

10-2　图题 10-2 所示为中国古代门窗图像。中国古代门窗体现出了古代工匠杰出的工艺。请分别使用 Sobel、Prewitt、LoG 和 Canny 四种边缘提取算子对图题 10-2 进行边缘检测，观察检测结果比较四种边缘检测算子的不同效果，并思考上述四种边缘检测算子的优缺点。

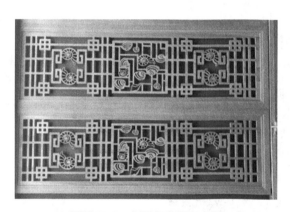

图题 10-2　中国古建筑窗户图

10-3　铁路是国民经济基础性、战略性、先导性、关键性产业，是国民经济大动脉，在经济社会发展中居于重要地位。铁路不仅是促进投资增长的"重头戏"，也是国家经济社会持续发展的"大引擎"。图题 10-3 为铁路运输图像。

(1)对图题 10-3 分别采用全局阈值分割算法、Otsu 分割算法、基于边缘的改进全局阈值分割算法进行分割，请分析比较不同方法的分割效果，并进行讨论。

(2)对图题 10-3 分别采用局部阈值分割算法、移动平均阈值分割算法进行分割，请分析比较不同方法的分割效果，并进行讨论。

(3)通过实验对比不同分割算法的分割效果，归纳不同方法的使用条件，总结不同方法适合处理的图片，采用更多的图片验证结论。

图题 10-3　火车运输图

　　10-4　由于医学图像的形状、位置和图像强度的多样性，直到今天，精确的计算机分割医学图像仍然是一个具有挑战性的过程。图题 10-4 是人脑 CT 图像，试对图题 10-4 利用区域生长函数 regiongrow () 进行区域分割。请分析计算 S 和 T 的值，对图像进行分割后与原图像进行对比，分析其结果。再用区域的分离与合并对原图像进行分割，最后对比两种方法分割图像结果，分析两种方法的优缺点。

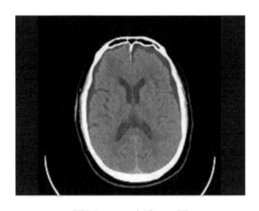

图题 10-4　人脑 CT 图

　　10-5　黑天鹅原产于澳大利亚，是天鹅家族中的重要一员，如图题 10-5 所示。先将其转化为二值图像，利用距离变换和梯度的分水岭分割两种方法的结合对图像进行分割，观察并分析这两种方法结合后分割图像的结果。再对图像进行控制符标记的分水岭分割，改变函数 imextendedmin 的参数，观察分割结果。

图题 10-5 黑天鹅

参 考 文 献

GONZALE R C, WOODS R E, EDDINS S L, 2013.数字图像处理(MATLAB 版)[M]. 2 版. 北京: 电子工业出版社.

TAUBMAN D S, MARCELLIN M W, 2004. JPEG2000 图像压缩基础、标准和实践[M]. 魏江力, 柏正尧, 译. 北京: 电子工业出版社.

ATHERTON T J, KERBYSON D J, 1999. Size invariant circle detection[J]. Image and Vision Computing, 17(11): 795-803.

BAKER S, MATTHEWS I, 2004. Lucas-kanade 20 years on: a unifying framework part 1: The quantity approximated, the warp update rule, and the gradient descent approximation [J]. International Journal of Computer Vision.

BERTHOLD P K H, 1986. Robot vision[M]. New York: McGraw-Hill.

BLOCH I, HEIJMANS H, RONSE C, 2007. Mathematical morphology[M]. Dordrecht:Springer.

CANNY J, 1986. A computational approach to edge detection[J]. IEEE Transactions on Pattern Analysis and Machine Intelligence, 8(6): 679-698.

CASELLES V, KIMMEL R, SAPIRO G, 1997. Geodesic active contours[J]. International Journal of Computer Vision, 22(1):61-79.

CHAN T F, VESE L A, 2001. Active contours without edges[J]. IEEE Transactions on Image Processing, 10(2): 266-277.

DAVIES E R, 2005. Machine vision: theory, algorithms, practicalities[M]. San Francisco:Morgan Kauffman Publishers.

EVANGELIDIS G D, PSARAKIS E Z, 2008. Parametric image alignment using enhanced correlation coefficient maximization [J]. IEEE Transactions on Pattern Analysis & Machine Intelligence, 30(10): 1858-1865.

FLOYD B R W, STEINBERG L, 2015. An adaptive algorithm for spatial gray scale[J]. Proceedings of the Society for Information Displays,17(2): 75-77.

GONZALE R C, WOODS R E, 2018. Digital image processing[M]. 4th ed. New York: Pearson Education Limited.

HARALICK R M, SHANMUGAN K, Dinstein I, 1973. Textural features for image classification[J]. IEEE Transactions on Systems, Man, and Cybernetics,3(6): 610-621.

HARALICK R M, SHAPIRO L G, 1992. Computer and robot vision, vol. 1[M]. Massachusetts: Addison-Wesley.

LIM J S, 1990. Two-dimensional signal and image processing[M]. Upper Saddle Rive: Prentice Hall.

MUKHOPADHYAY P, CHAUDHURI B B, 2015. A survey of hough transform [J]. Pattern Recognition, 48(3):993-1010.

OTSU N, 1979. A threshold selection method from gray-level histograms[J]. IEEE Transactions on Systems,

Man, and Cybernetics, 9(1): 62-66.

PARKER J R, 1997. Algorithms for image processing and computer vision[M]. New York: John Wiley & Sons, Inc.

POYNTON C A, 1996. A technical introduction to digital video[M] New York: John Wiley & Sons, Inc.

PROTIERE A, SAPIRO G, 2007. Interactive image segmentation via adaptive weighted distances[J]. IEEE Transactions on Image Processing, 16(4):1046-1057.

SEDGEWICK R, 1998. Algorithms in C[M]. 3rd ed. Massachusetts: Addison-Wesley.

SETHIAN J A, 1999. Level set methods and fast marching methods: Evolving interfaces in computational geometry, fluid mechanics, computer vision, and materials science [M]. 2nd ed. New York: Cambridge University Press.

THOMAS S W, 1991. Efficient inverse color map computation [J]. Graphics Gems II ,10(7):528-535.

WHITAKER R T,1998. A level-set approach to 3D reconstruction from range data[J]. International Journal of Computer Vision, 29(3): 203-231.

WILLIAM K P, 2007. Digital image processing[M]. New York: John Wiley & Sons, Inc..

YUEN H K, PRINCEN J, ILLINGWORTH J, et al., 1990. Comparative study of Hough transform methods for circle finding[J]. Image and Vision Computing, 8(1): 71-77.

ZUIDERVELD K, 1994. Contrast limited adaptive histograph equalization[M]. San Diego: Academic Press Professional.